品读城乡空间系列｜陈易　主编

镇记：精致空间的体验
Essay of Towns：Experience of Exquisite Spaces

陈易　沈惠伟　编著

东南大学出版社
SOUTHEAST UNIVERSITY PRESS

南京 · 2021

内容提要

本书以理论研究与规划实践为基础，从特色小（城）镇发展机制、产业、空间、治理和规划等多个维度，用通俗性文字阐述了对特色小（城）镇发展的思考。其主要内容包括以下五大方面：首先，从特色小（城）镇产生背景、发展逻辑的角度论述其精明增长的机制；其次，从产业升级特征、模式、路径角度论述特色小（城）镇的精细产业体系；再次，从整体风貌、公共空间、滨水空间、道路交通、海绵城市、智能化设施的角度研究了特色小（城）镇的精致空间打造；再然后，从政府、企业、公众治理模式的角度解读了特色小（城）镇的精心治理；最后，根据写作团队近年来在不同地区、不同类型的典型规划实践案例介绍了特色小（城）镇的精准规划实践。

本书适合城市研究、城乡规划、人文地理学等专业研究人员，以及城乡区域规划科学爱好者研读或参考。

图书在版编目（CIP）数据

镇记：精致空间的体验 / 陈易，沈惠伟编著 . —
南京：东南大学出版社，2021.10
（品读城乡空间系列 / 陈易主编）
ISBN 978-7-5641-9366-9

Ⅰ . ①镇… Ⅱ . ①陈… ②沈… Ⅲ . ① 小城镇 – 城市
规划 – 研究 Ⅳ . ① TU984

中国版本图书馆 CIP 数据核字（2020）第 264245 号

书　　　名：镇记：精致空间的体验 Zhenji：Jingzhi Kongjian De Tiyan
编　　著：陈　易　沈惠伟
责任编辑：孙惠玉　褚　婧　　　　　邮箱：894456253@qq.com

出版发行：东南大学出版社　　　　　社址：南京市四牌楼 2 号（210096）
网　　址：http://www.seupress.com
出 版 人：江建中

印　　刷：徐州绪权印刷有限公司　　排版：南京凯建文化发展有限公司
开　　本：787 mm×1092 mm　1/16　印张：13.5　字数：330 千
版 印 次：2021 年 10 月第 1 版　2021 年 10 月第 1 次印刷
书　　号：ISBN 978-7-5641-9366-9　定价：79.00 元

经　　销：全国各地新华书店　　　　发行热线：025-83790519　83791830

编委会

主　任：陈　易　沈惠伟

成　员（以姓氏拼音排序，含原作者与改写作者）：

鲍华姝　陈　易　杜一力　关　芮

胡正扬　金　今　荆　纬　李晶晶

刘晓娜　彭少力　乔硕庆　沈惠伟

师赛雅　叶志杰　袁　雯　杨　嫚

臧艳绒

总序一

　　这是一套由一群在规划实践一线工作的中青年所撰写的有意境、有情趣，兼具科学性和可读性的关于人类聚居主要形式——城、镇、乡的知识读物。它既为人们描绘了城、镇、乡这一人们工作、生活、游憩场所的多姿多彩的风貌和未来壮美的图景，也向读者抒发着作者对事业、对专业、对理想的热爱、追求和求索的心声。他们以学者般的严谨和初生牛犊般的求真勇气，侃侃议论城、镇、乡建设中的美与丑，细细评点城乡规划的得与失，坦陈科学规划之路，也诉说着他们在工作经历中的种种感悟、灵感和思考。丛书描述、评论、探索兼具科学与文学，内容丰富多彩、文字清新脱俗，是难得的一套新作。

　　丛书可贵之处还在于作者们以规划者敏锐的视角，认清时代特征，把握社会热点，以鲜明的主题探讨城、镇、乡的发展和规划之钥。丛书主要由四个分册组成。

　　第一分册聚焦于"城"。城市，既是国民经济的主要增长极，更是城镇化水平已超过 50%、进入城市社会的中国人民主要的工作和生活场所，更是区域空间（城镇、农业、生态）中人口最为集聚的空间。如何规划、建设、打造好城市空间是贯彻以人为本、以人民为中心、以人民需求为目标的新发展理念的具体体现。在告别了城市规划宏大叙事年代以存量发展、城市更新为中心的城镇化后半场，该部分即以"多样空间的营造"为主题，以文学化的词汇生动地描述和记述了城市的记忆空间、故事空间、体验空间、线性空间、流淌空间这些尺度小却贴近人的生活体验的空间，真正实践"城市即人民"的本质。

　　第二分册聚焦于"镇"。镇，作为城之末、乡之首的聚落空间，既在聚落体系中发挥着城乡融合的重要联结和纽带作用，也是乡村城镇化的重要载体。"小城镇、大战略"依旧具有现实意义。该部分针对小（城）镇发展的问题和新形势，以"精明、精细、精致、精心、精准"作为小城镇发展的新思路，伴之以特色小（城）镇大量的国内外案例，讨论了产业发展、体验空间、运营治理、规划创新等小（城）镇、新战略，让人们对小（城）镇尤其是特色小（城）镇这种新类型有一个系统性的认识。

　　第三分册聚焦于"乡"。该部分遵循习总书记所提出的"乡愁"之嘱，以"乡愁空间的记忆"为主题，从乡村之困、乡村之势、乡村之道、乡村之术四个方面，满怀深情、多视角地从回顾到展望、从中国到外国、从建议到规划、从治理到帮扶，系统地把乡村问题，乡村发展新形势、新理念，乡村振兴的路径和规划行动做了生动的阐发，构成了乡村振兴完整的新逻辑。

第四分册聚焦于"国土空间"。该部分是理论性和学术性较强的一个分册。国土空间规划是当前学界、业界、政界最为热门的话题。自《中共中央 国务院建立国土空间规划体系并监督实施的若干意见》发布，并以时间节点要求从全国到市县各级编制国土空间规划以来，全国各地的国土空间规划工作迅速展开，成为新时代规划转型的一个历史性的事件。城、镇、乡是国土空间中的城镇空间和农业空间的重要组成部分。国土空间规划以空间为核心，融合了各类空间性规划，包括主体功能区规划、城乡规划、土地利用规划；同时，它又强调了空间治理的要求。因此，无论从理论上、方法上、体系上、内容上和编制上均有一个重识、重思、重构、重组的过程，是一种新的探索。因此，丛书的编制单位邀集了有关部门的学者共同撰写了这本册子。本书从空间观的确立、各种规划理论的争论、国际规划的比较、三类空间性规划的创新、技术方法以及新规划的试点实例和体系重构等对国土空间规划这一新规划类型和新事物进行了系统探讨。这既是对城、镇、乡这三类空间认识的提升，也是对这一空间规划类型的新探索，给当前广泛开展的国土空间规划提供了一种新的视角。

丛书由南京大学城市规划设计研究院北京分院（南京大学城市规划设计研究院有限公司北京分公司）院长陈易博士创意、组织、拟纲、编辑、审核，由全院员工参与撰写，是集体创作的成果。丛书既有经验老道的学术和项目负责人充满理性、洋洋洒洒的大块文章，也有初入门槛年轻后生的点滴心语。涓涓细流，终成大河，百篇小文，汇成四书。丛书适应形势，紧扣热点，突出以人为本，呈现规划本色。命题有大有小，论述图文并茂；文字清丽舒展，白描浓墨，相得益彰；写法风格迥异，有评论、有随笔，挥洒自如，确实是一套新型的科学力作，值得向广大读者推荐。

我一直支持和鼓励规划实践一线人员的科研写作。真知来自实践，创新源于思考，这是学科发展的基础。同时，在宏大的规划世界里，我们既要有科学、规范的理论著作，也要有细致入微的科学小品，这样，规划事业才能兴旺发达，精彩纷呈，走向辉煌。

崔功豪

2019 年于南京

（崔功豪：南京大学教授、博士生导师，中国城市规划终身成就奖获得者）

总序二

2012 年，我怀揣着一份规划工作者的激情与理想回到了母校南京大学，和一群志同道合的小伙伴在北京创建了南京大学城市规划设计研究院北京分院。在经历了国内大型设计院和国际知名规划公司十余年工作之后，当时我们的理想是希望构建一个能够兼顾规划实践与规划研究，兼具国内经验与国际视野，并且能够不断学习、分享、共同成长的创新型规划团队。如今回首思量，真正要做到"学习、分享、共同成长"这八个字，何其之难！

不知不觉求索之中，八年时间一晃而过。幸运的是，我们的确一直在学习，也一直在创新。我们实现了技术方法、研究方法和工作方式的转变。不变的是我们依然坚守着那份执着，带着那份初心在规划的道路上不断前行。这一路，既有付出也有收获，既有喜悦也有痛苦；这一路，既有上百个大大小小规划实践的洗礼，也有无数信马由缰的专业心得和随想；这一路，既有在国内外期刊上发表的文章与出版的专著，也有发布在网络与自媒体上短小的随笔杂文。由此，我们就自然而然地产生了一个想法：除了那些严谨系统的规划项目、学术专业的论文书籍，为什么不把随想心得和随笔杂文也加以整理，与人分享呢？这就好像我们去海边赶海，除了见证了壮观的潮起潮落，还会在潮水褪去后收获大海带给我们的别样的礼物——那些斑斓的贝壳。编纂这套丛书的初衷也正如此，我们希望和大家分享的不是浩如烟海的规划学术研究，而是规划师在工作中或是工作之余的所思、所想、所得。因此，这套书我们不妨称之为非严肃学术研究的规划专业随笔札记。

编写的定位折射出编写的初衷。之所以是非严肃学术研究，是因为丛书编写的文风是随笔、杂记风格，可读性对于这套丛书非常重要。这不禁让我回忆起初读《美国大城市的死与生》时的情景，文字流畅、通俗朴实、引人入胜的感受历历在目。作为城市规划师，我们应该抱有专业严谨的精神；作为城市亲历者，我们应该有谦恭入世的态度。更何况，一群年轻的规划师本身就是思想极为活跃的群体。天马行空的假设、妙趣横生的语汇都是这套丛书的特点。之所以还要强调规划专业，是因为丛书编写的视角仍是专业的、职业的。尽管书中很多章节是我们在不同时期完成的随笔杂文，我们还是进行了大幅度的整理和修改，尽可能让这些文章符合全书的总体逻辑和系统，并且严格按照论文写作的体例做了完善。可以说，丛书编写的目的还是用通俗易懂的文字表达深入浅出的专业观点。简而言之，少一些匠气、多一些匠心。

丛书的内容组织以城乡规划的空间尺度为参照，包含了城、镇、乡和空间等不同的尺度，并以此各为分册。丛书的每个分册力图聚焦该领域在近几年热门的某些研究方向，极力避免长篇累牍的宏大叙事。正如规划本身需要解决现实问题一样，丛书所叙述的也是空间中当下需要关注的关键问题。当然，这些文字中可能更多的是思考、探讨和粗浅的理解，其价值在于能够与城乡研究、规划研究的同仁一起分享、研究和切磋。

文至此处，已经不想再有冗余的赘言。否则，似乎违背了这套丛书的初衷了。"品读城乡空间系列"自然应该轻松地品味、轻松地阅读、轻松地思考。如果能够在阅读的过程中，有些许启发或者些许收获，那么自然也就达到丛书的目的了！

陈易

2020 年于北京

序言

　　小城镇的发展一直是我国城镇化研究领域中的敏感问题。说它敏感，是因为我们国家从城镇化发展政策上从来就没有忽视过小城镇，甚至制定过"严格控制大城市，合理发展中等城市，积极发展小城镇"的22字方针，1980年代中后期是小城镇发展的巅峰，但是经济制改革从农村开始试验，走"农村包围城市"的道路。农村在实行联产承包责任制极大地促进了农业发展的同时，乡镇企业也如雨后春笋，蓬勃发展。农民在集体土地上，比城市更自由地发展各种经济形成了大量的小城镇。这期间费孝通先生三下吴江，研究江南现象，提出了"离土不离乡、进厂不进城"的"苏南模式"，由于当时普遍存在的对大城市的负面心理，认为城市规模大了是"城市病"的根源，我们社会主义要走出一条以小城镇为主的社会主义城镇化道路，与城市经济由于改革的滞后以及经济发展阶段等因素叠加，小城镇的发展达到了空前绝后的辉煌顶峰。从数量上看建制镇1978—1983的5年间全国只增加了795个，平均每年增加159个，1984—1992年建制镇由1983年的2968个猛增到1.2万多个，每年增加1370个左右。而各类小城镇达到5万多个。个别年份小城镇的工业产值几乎占了全国工业产值的半壁江山。1992—1994年，国家对小城镇实行"撤、扩、并"，并允许农民进入小城镇务工经商，农村的非农经济要素开始往城市转移。2000年后，中国的工业化进入重化工时代，而房地产也开始进入市场，因此投资开始集中到大城市和特大城市。《土地法》的相关规定也使得开发建设更倾向城市。2002年十六大提出"坚持大中小城市和小城镇协调发展"，小城镇的发展不再处于优先地位。由于推行撤乡并镇和停止审批设立新的建制镇，这一阶段小城镇的数量开始缓慢回落，这是1982年以来建制镇首次在绝对数上下降。小城镇也因而开始转型，开始从数量的扩张转向质量的提升。

　　进入21世纪以后，经济发展的主动力愈加集中于发达的城市群地区，城市群是城镇化的主体区域，位于城市群内的小城镇发展的机会和水平远高于其他地区。小城镇也开始分化，大多数小城镇成为城市公共服务向广大农村地区延伸的平台，而不再是农村工业化的基地。城镇化、经济发展的重点实际上已经转移到了城市，我国农村和城市人口的比例也发生了逆转，到2019年底，我国人口城镇化率将超过60%。那么作为"村头城尾"的小城镇，在城镇化发展的新阶段究竟应当、能够扮演什么角色呢？近年来特色小镇风起云涌，究竟是过热了，还是发展不够充分？

陈易先生长期从事城乡规划，在工作实践中仔细观察、认真思考、勇于创新，积累了一套理论方法，提出了"小城镇的发展应该遵循产业逻辑、空间逻辑、治理逻辑和价值逻辑"，并以其亲自操盘的几十个小城镇和特色小镇案例以及中外对比，实证其"四个逻辑"，也让我们通过这本书了解小城镇和特色小镇发展的概貌。

这本书可以顺着看，也可以倒着看，或者随便打开一节就看。它是规划师的随笔，也是规划师专业知识的提炼，既是技术读物，又有人文情怀，可以让我们了解小镇，也了解给小镇谋规划的人。

有闲暇时间，翻阅一下，定会有所收获。

沈迟

2019 年 11 月于攀枝花

（沈迟：教授级高级城市规划师，国家发改委城市和小城镇改革发展中心副主任）

前言

选择《镇记：精致空间的体验》作为丛书选题之一的缘由说起来很简单，小城镇一直都是中国城镇化的大问题！截至 2018 年底，中国城市个数达到 672 个，而建制镇则达到 21297 个。仅从这些数据就可以感受到"镇"之于中国城镇化和规划的重要性。研究中国城镇化的学者很难回避小城镇这个研究领域，从事城乡规划的中国规划师大多也是从小镇规划走上了职业道路。2016 年后，"特色小（城）镇"更是横空出世，成为近几年城市研究、规划研究炙手可热的焦点。诚然，我们从概念定义上非常清楚小镇、建制镇、特色小（城）镇大相径庭；然而，我们从规划师视角又深切知道这些概念在某些方面显得十分类似。之所以有这样的感受，不是因为它们的名字中都有"镇"，而是它们恰恰都是最能够给人们带来极佳精致空间体验的聚落尺度。正是带着这样的感受与思考，我们重新梳理了对小城镇的认识、梳理了对特色小（城）镇的理解。在最近这些年的摸索与实践中，积累了一套创新的小（城）镇规划方法。

规划方法，实际上也是编制规划所遵循的一套基本逻辑。科学的规划方法会帮助小镇空间自构，合理地生长。如果意图让"规划"生硬地"改造"空间，那么这样的规划只会失灵，也就是所谓的不接地气。空间有其基本的道理，敬畏自然、以人为本是这些道理中最为朴素的。而这两点也构成了小（城）镇规划最为基本的规划价值观。在这个基础上，小（城）镇的发展应当遵循产业逻辑、空间逻辑、治理逻辑，最终回归到价值逻辑，小（城）镇的规划方法亦如此道。这个规划方法也就构成了本书的前 4 个篇章，即论述小（城）镇精明增长规划机制的第 1 章，阐述精细产业发展思路的第 2 章，推敲精致空间打造要点的第 3 章，以及探讨精心治理创新模式的第 4 章。在本书的第 5 章，引用了一系列近年来小（城）镇规划实践案例进一步印证前面 4 章的观点。之所以用这么多章节分门别类地阐述小（城）镇规划的内在机制（价值）、产业、空间、治理等领域的问题，是因为这些问题实在是小（城）镇规划无法回避的内在逻辑。在供给侧改革和需求侧升级的背景下构建精细产业体系，这是小镇发展的动力源泉；在以人为本和最终用户导向的视角下构建精致空间秩序，这是小镇发展的空间载体；在共享、共创、共建的情况下构建精心治理模式，精明增长所构成的发展思路是小镇发展的内在机制，更是小镇规划的价值观——敬畏自然生态、坚持以人民为中心！这也正是规划的初心！

这本书在编写过程中，也在不断地反思、探讨、推敲。尽管这本书在编写过程中一直有不断的修改完善，然而有一个初衷始终没有发生改变，那就是将过度匠气的学术专业语汇放一放，力图通过随笔式的铺陈、争鸣和畅想，用通俗甚至流行的语言表达规划工作之余的很多想法。这些想法未必很严谨，但是很鲜活。能够分享这些想法，更为重要。甚至在最后一个章节中，用很多有趣的文字描述了项目研究背后大家的一些有趣的思考。而这些林林总总的思考和随想，是决计不可能在严肃的规划说明、文本或报告中能够看到的。这些有趣的文字和新颖的想法大多来源于平时勤于思考的小伙伴们，在这里要特别感谢鲍华姝、杜一力、关芮、胡正扬、金今、荆纬、李晶晶、刘晓娜、彭少力、乔硕庆、沈惠伟、师赛雅、叶志杰、袁雯、杨嫚、臧艳绒对这本书的付出。没有他们平时的笔耕不辍和持续学习，就很难看到今天这本书的成稿。同时，还要感谢石嘴山大武口区毛学军同志、合肥经济技术开发区经发局付海斌同志与启迪集团的刘润成同志、随州市曾都区何云平同志、罗牛山集团的徐自力同志、云南自然资源和规划局姜程华同志、国瑞集团的赵艳同志、万年基业集团的刘征同志、武羖同志。合作伙伴的大力支持让我们能够在小镇规划实践中取得更多有价值的收获，也衷心希望这些小（城）镇发展得越来越好！

感谢这些年一直鼓励我们和支持我们的朋友！有你们的鞭策和鼓励，我们才能持续前进。这本书仅仅是一个开始，我们更期待着后续的一系列书籍能早日付梓出版，以实现我们的小小理想，也是我们的初衷——学习、分享、共同成长！

陈易

2020 年于北京

目录

1 精明增长，小（城）镇发展的华丽转身①

1.1 温故而知新：三十年后再谈"小城镇、大战略"

1.1.1 曾经的城镇化主力军

1）回顾小城镇的兴起和发展

20世纪80年代，中国著名的社会学家费孝通先生提出"小城镇、大战略"理论。对于90年代城乡规划的学生而言，小城镇建设与小城镇规划恐怕是课程学习中的重头戏。甚至对于城市规划学科而言，小城镇依然是彰显中国城镇化特色的一个亮点。

记忆中的80年代，乡镇企业和民营企业开始蓬勃发展。这股热潮直接推动了以"镇"为重要空间载体的工业化与城镇化。20世纪八九十年代可以说是中国小城镇的时代，无论从经济形态、空间形态，还是从城乡规划的重点，都可以看到小城镇已然是彼时城镇化的主力军！不得不承认，"小城镇、大战略"是对中国改革开放后城镇化进程最为形象的描述。以乡镇企业为重要抓手，小城镇为主要载体的"自下而上"城镇化也造就了中国特色的城镇化。

这一时期的小城镇有两个很重要的关键词：块状经济和专业镇。块状经济（Massive Economic）是指一定的区域范围内形成的一种产业集中、专业化极强，同时又具有明显地方特色的区域性产业群体的经济组织形式[1]。通过这种特殊的区域产业组织形式，进一步形成经济规模较大、产业相对集中且分工程度或市场占有率较高、地域特色明显、以民营经济为特色的主要划分的建制镇[2]。块状经济与专业镇这两个关键词非常重要，它们为后来的快速城镇化提供了非常重要的经济载体与空间载体。这一点在长三角和珠三角表现得非常明显。江浙地区的块状经济与广州地区的专业镇为这两个地区的经济发展与城镇化打下了坚实的基础。

刚刚读研的时候，跟随导师崔功豪先生在江浙地区参加城乡调研课题和城市规划实践，时常看到"一镇一品"为特色的特色产业小城镇。记得一次搭乘火车从南京前往绍兴新昌调研的路上，一面听着崔先生侃侃而谈他在城镇化领域的研究，一面偶尔瞥见窗外飞驰而过各类乡镇企业产品的广告。印象最深的莫过于嵊州地区领带及其生产领带的专业镇了。现在从南京去浙江已然不用从上海绕路了，高铁沿线的景观也不再是 90 年代的样子。长三角沿线的城镇依然富庶，产业却早已悄然升级，小城镇也早已发生了巨变。

2）块状经济与专业镇的重要贡献

块状经济与专业镇的出现与 20 世纪八九十年代国内经济环境、政策环境和空间环境等多方面要素的"催化"有着重要联系。80 年代土地、劳动力和资本市场等多重改革利好大大提升了区域生产要素的流动性，外来投资与本地企业家的茁壮成长为承接产业转移和产业分工做好了充分的准备。正因小城镇的低门槛、低成本、高灵活性等特点，块状经济与专业镇与江浙地区、珠三角地区的地域经济传统和产业发展基础"不谋而合"，成为地区"正规"经济之外的重要"补充"，甚至在一些地区是占主导的发展模式。块状经济和专业镇的发展实际上为后来的产业集群、园区发展和新城建设提供了资金、人才、空间、管理等多方面的准备。

记得参加工作后，在珠三角曾经先后参加若干小镇规划项目。印象颇深的是珠三角的小城镇规模之"大"。调研过程几乎就是在踏勘一个小城市，这些小（城）镇有自己的星级酒店、商业步行街、硕大的（台资）工厂和周边上下游企业。在这些珠三角的小城镇里，聚集了大量的港资台资企业、来自全国各地的务工者，当然还有香港的流行乐、服饰和各类生活用品。"三来一补、两头在外"的经济模式给这些小（城）镇注入了新鲜的活力。这些小（城）镇在 20 年后有些已经成长为南沙新区的组成部分，小（城）镇成长为城区、企业也成长为园区，当年的青年务工者也成长为企业发展的中坚力量。从这层意义上，小城镇又岂止是中国城镇化的蓄水池，简直就是城镇化的发动机。

1.1.2 增长的极限与发展的瓶颈

1）突然从视野中消失的小城镇

中国城镇化的特点之一是"高速度"，几乎在短短 40 年的时间内走完了西方百年的发展历程。正当小城镇、专业镇和块状经济如火如荼之时，学术界就已经开始反思小城镇建设对土地利用浪费的现象。甚至还未等小城镇建设的褒奖与批评拉开架势，蓄势辩驳之时，中国城镇化忽而进入了开发区和新城建设时期。小城镇似乎一下子就淡出了业界、学界的舆论中心，甚至消失在人们的视野。2005 年后的中国规划业界，动辄就是新区、新城规划和建设。小城镇这匹"小马"似乎已经难以拉动中国城镇化这辆"大车"了。这个发展阶段的小城镇似乎在千禧年后遇到了不少问题，这也倒逼了中国城镇化模式的主动转型升级。

2）产业的瓶颈：产业环节单一

早期的小城镇，尤其是专业镇的发展主要依赖于"三来一补、两头在外"的劳动密集型产业。在珠三角，这类小城镇聚集了大批从事同种产业的中小企业。由于八九十年代地区优惠政策的差异，因此不少港资、台资企业集聚在珠三角发展。然而，这些缺少龙头企业带动、缺乏产业体系培育、没有自主创新机制的块状经济模式让这些小城镇产业结构较为单一、产品附加值不高。产业单一不是问题，产业环节单一（集中于低端制造环节）是最大的问题。伴随着经济发展不断提出的新要求，优惠政策开始变得扁平化，小城镇的比较优势就越来越不明显。由于传统产业的产能严重过剩，因此传统专业镇在产业转型升级等方面面临着严峻的挑战。曾经的小城镇产业发展特征是"船小好调头"，小而灵的块状经济让镇域经济活力无穷。但是当单一的产业环节遇到发展环境扁平化后，小城镇的产业体系变得是那么的单薄、单一、单调！这也衍生出一个新的经济学概念——候鸟经济。

3）空间的瓶颈：产城不融合

专业镇在其发展过程中"天然"地形成了重产业、轻生活的特点。曾经在珠三角某镇调研的时候发现，镇里工厂用一道围墙严格区分了生产作业空间和城镇空间。对于两头在外的企业而言，只要专业镇解决其中间的加工环节，其他都不用再涉及。这样实际上从空间和功能两重方面使得作为专业镇的龙头企业（产业）无法真正与小城镇的空间与城镇功能形成融合与延伸。90年代初红遍大江南北的电视剧《外来妹》就非常形象地描绘了这个时代专业镇的生活画卷。

产城不融合一方面使得产业、城镇分割为两层皮，另一方面也使得小城镇的空间资源利用不充分、环境配置得不到提升、城镇空间景观特色缺失，进一步降低了小城镇的吸引力。产城无序的发展使得土地资源低效使用，更造成环境污染严重，生活环境不佳的问题。这不仅大大降低了引进高素质人才的吸引力，也增加了人才外流的概率。进一步说，既制约了专业镇引入新型企业，也制约了推动产业转型升级的步伐。说到底，仅仅强调产业的小城镇多了点"工业化"、少了点"人性化"。忽略了小城镇空间最基本的生活功能、片面强调了生产功能。殊不知，二者是相辅相成、自然耦合的。

4）模式的瓶颈：路径依赖惯性

长期以来，传统专业镇的制胜法宝是"低（成本）、私（营企业）、优（惠政策）"。低成本包括了廉价土地、廉价劳动力、廉价环境资源等生产要素。正是由于这些廉价的生产要素的存在，小城镇的成本优势就体现出来了。一方面是外来投资的拉动，尤其是港资与台资的拉动；另一方面是本土的乡镇企业迅猛发展，低廉的成本形成了价格优势。而地方的优惠政策则是块状经济的另一个触媒，诸如"三减两免"的政策对企业降低成本也是一个非常重要的因素。

然而，生产要素的廉价投入在依赖传统路径的模式下已经接近极限。以建制镇为单位的行政主体在政策创新方面的优势是有限的。在传统模式已近瓶颈的时候，我们看到的是环境问题的全面爆发。

1.1.3 反思小城镇热潮及其深远的战略价值

1）热潮褪去不是一个偶然现象

尽管以块状经济和专业镇为特征的小城镇逐步淡出人们的视线，然而这种发展模式实际上仍在延续。从后来的开发区建设与新城新区建设的轨迹来看，实际上都有块状经济的"影子"。工业化驱动城镇化，产业集聚带动人流、物流等的空间集聚，仍然是通过低成本的生产要素吸引产业导入推动区域城镇化的发展。这些发展路径又何尝不是似曾相识？真正意义上的产业升级转型，创新驱动的城镇空间拓展仅仅出现在发达地区。通过城市扩张带来的增长看上去更像是尺度上放大的城市经济集群。传统小城镇的发展开启的是以要素路径依赖的开发区、新城新区的发展。随着扩张式发展的结束，增长主义的结束，结束的实际上是传统发展模式，而不是小城镇本身。小城镇，依旧是大战略！

2）为模式创新储备的战略资源

小城镇发展，尤其是块状经济的培育和专业镇的建设，毫无疑问为下一阶段的模式创新奠定了非常坚实的基础。相对于单纯依靠生产要素投入拉动，创新推动还是需要有一定的产业、资金、管理、研发等方面的基础。小城镇发展的 40 年，实际上已经为创新做好了必要的准备，预留了创新发展的战略资源。

对于区域经济发展创新而言，模式是框架，产业是内核。小城镇的块状经济为后期区域创新发展提供了实体经济基础，资金、人员和管理经验的沉淀为创新发展提供了保障。这些都是地区发展的战略性要素。

1.1.4 战略升级，迈向特色小（城）镇时代

1）新型城镇化战略下的区域空间整体升级

如果将改革开放后的城镇化做一个时间序列，为城镇化绘制一幅简单图景，那么就不难理解新型城镇化背景下区域空间整体升级的趋势。沿着这幅图景，我们可以寻觅下一阶段城镇化的大致趋势。

改革开放后，小城镇、开发区、新区和新城建设，直至后来的经济区和城镇群建设形成了城镇化的空间图景，即从小尺度空间到大尺度空间的延伸。驱动这个阶段城镇化的动力主要是工业化驱动和生产要素投入形成的发展路径。它所产生的结果是经济总量增长、空间快速扩张和城市框架拉大。目前可见的负面影响是环境、社会等隐性问题的集体爆发。发展与保护兼顾的要求呼之欲出！

新型城镇化的前提是生态文明，以创新经济、供给侧改革为驱动，通过模式创新实现城乡统筹发展。田园综合体、特色小镇、特色小城镇、城市存量更新等多维度精致空间形成发展转型、要素升级、经济持续增长。毫无疑问，我们甚至可以想象到未来的城镇化空间图景将是以都市

圈为特征的城镇群协同发展。都市圈是推进新型城镇化的重要空间载体，与之相伴的除了日益成熟的中心城市，还有围绕在其体系下的特色小城镇、特色小镇、田园综合体等诸多空间聚落。从而，我们也不难看出这一幅新的图景，即以城镇群为单元的城乡体系在供给侧改革驱动下，实现高端要素（至少是较成熟要素）在空间上的高度集聚，形成驱动区域经济的新增长极。

可见，这是一次区域性的发展战略模式升级。小城镇（以及其类似尺度的空间聚落）以新的形式又成为城镇化的排头兵！小（城）镇、大战略！

2）创新空间：特色小城镇与特色小镇

特色小（城）镇是一个新鲜事物，和我们之前所提到的小城镇有本质的区别，而且特色小城镇和特色小镇也是完全不同的概念。2016年10月国家发改委发布的《关于加快美丽特色小（城）镇建设的指导意见》曾经对特色小镇和特色小城镇做过较为明确的界定，这里就不再赘述。我们可以从空间上对其做一个简单区分，即特色小镇是非行政空间单元，而特色小城镇是基于镇域行政区划的空间单元。在新型城镇化的图景下，它们都是创新区域经济的新增长极，都是驱动地区发展的创新空间。

学界和业界对特色小镇的概念有过很多辨析、争论，这些都不是本书的重点。我们希望探讨的是小城镇、特色小（城）镇这样的"特定空间"，或者说类似特色小（城）镇尺度的空间究竟有哪些方面值得我们关注，它的生长逻辑是什么。当然，要梳理清楚这么多问题是非常复杂的。因此不妨将其划归为一个简单的内涵，即富有特色的"创新空间"和新型增长极。

特色小（城）镇之所以如此受关注，很大程度上是因为产业增长的诱惑对于地方而言是不变的，变化的只有对增长的数量、质量和方式的诉求不同。浙江最早提出特色小镇的概念，其中最引人注目的是高端产业集聚。其背后的动因在某次培训交流中，当时特色小镇的谋划者之一也给出了一个答案——为浙江千万个"块状经济"寻找出路。为什么是"小"镇？因为这些块状经济的基础已然如此，而3年能出成效的话做 1—3 km² 则足矣，太大了也无法实现。这个想法体现了浙江人极为务实的特点！当然，除了拥有能够落地的特色产业以外，浙江的特色小镇还要求实现产业、文化、形态、生态等多方面的整合。这一发展模式迅速成为江浙沪地区特色小镇的"标配"，也体现了浙江人对高质量发展的追求。试想一下，这样的创新空间又怎能不受到青睐？无论是地方政府、企业家，还是消费者都为这一新鲜的"镇"感到着迷。当然，并不是所有的地区发展特色小（城）镇都会实现高端要素集聚。但是至少应该具备特殊资源、特色产业、特征社群和特质空间（图1-1）。

特殊资源　特色产业

特征社群　特质空间

图1-1　特色小（城）镇的四个特征

1.2 此镇非彼镇：特色小（城）镇究竟应该"特"在什么地方

1.2.1 "特"在特殊资源挖掘：酒未必十分香，但巷子确实很深

某个小镇的书记曾经给出他对小城镇、特色小城镇和特色小镇概念的辨析，讲得非常务实与清晰。小城镇实际上就是行政意义上的建制镇，特色小城镇则是有"特色"的建制镇。一个特色小城镇中可能有多个特色小镇，但是特色小镇未必非得在特色小城镇中。诚然，无论是特色小城镇还是特色小镇都需要在"特"字上做文章。那么问题就出现了，什么是特色资源？在实战中，我们遇到最多的恰恰不是酒香不怕巷子深，而是酒未必香，但巷子确实深！

"特色"在不同人的眼中是有差别的。在投资商、企业家的眼中，区域经济发展往往是"强者恒强"。例如苏杭地区，自古以来就是富庶之地，其资源的迭代累加效应也在不同发展阶段折射出来。又如区域旅游资源，大部分具有绝对优势的资源也基本上开发了。旅游业的发展也就是在这些绝对优势资源的基础上"好上加好"升级。这些话虽然有些偏颇，但也是有一定道理的。譬如，无锡拈花湾小镇所拥有的宗教资源就是一种绝对优势资源。它在宗教文化方面可以很好的借助灵山，旅游客群上又可以借力太湖景区。然而，真正具有这类资源的小镇又有多少呢？大部分特色小（城）镇的特殊资源实际上已经很难说是绝对优势资源，而是一种相对优势资源。

往往出于家乡情结的原因，当地人眼中的特色资源往往都是相对优势资源，当地人会对这些资源报以非常高的期望。但从开发建设的现实需求而言，这些特殊资源显得单一、单薄。要深度挖掘特殊资源，使其能够产品化、产业化，最终面对需求侧的消费市场，则是一个很富有挑战的过程。拥有相对优势资源的地区要发展"特色小（城）镇"就需要审慎地挖掘地方资源的比较优势。相对优势资源并不是拥有垄断性的特殊资源，而是比较之下有一定潜力的发展要素。

1.2.2 "特"在特色产业延伸：有所为，有所不为的产业加减法

产业是小镇的核心，而特色产业则是特色小（城）镇的重要标识。与以往专业镇相比，特色小（城）镇的产业体系更加显得主业突出，环节丰富。这也恰恰是大部分特色小（城）镇的主政者主要的开发诉求。因此，特色产业的延伸在小镇培育过程中十分必要。

近年来考察或参与规划的部分小镇中，普遍存在两种有趣的产业现状：一种是现有产业类型很单一，有可能就是对当地的特色资源进行了初步产品化，没有形成产业链；另一种是百花齐放、四处开花，一个大产业方向下装了能够数得上的各类业态，虽然丰富，却没有主导产业。

前者是单一单调，后者是雾里看花。那么如何彰显小镇产业的特色呢？

记得在调研某个小镇的时候看到的一句话就很形象，即做好产业的加减法。对特色产业方向的产业链要做"加法"，而对非主导方向的产业则需要大刀阔斧地做"减法"，这就是所谓有所为而有所不为。只有这样才能真正让有限的小镇空间高度集聚特色产业要素，体现产业优势。可能有人会发问：这样的想法是不是太理想化了？我自然非常能理解对于小镇运营者来说，尽快见成效、尽快有产出是当务之急。在实际运营中，市场机会是稀缺的，有优势产业当然是尽量把握。但是在选取产业的过程中一定要有"负面清单"，不能什么都做。很有可能这些短期看来有效果的"大项目"会影响到小镇长远的战略性发展，让小镇的价值被低估！

1.2.3 "特"在特殊社群定位：再来聊一下经典却朴实的区位论

特色资源被挖掘和生产成特色产业后，自然需要有消费者进行使用，它们的价值才会得以实现。这样就引出了特色小（城）镇的另一个重要的概念——社群，这个概念本身就是一次概念升级。对于社群本身而言是同利、同好、同道，对于小镇运营商而言，"社群"也是目标客户群。这个概念已经被一些新锐开发商营销部门广泛地应用，例如蓝城、阿那亚等企业。当然，这个概念的来龙去脉并不是小镇应该关注的重点。小镇开发需要关注的是这个特殊群体在哪里？

资源的深挖和产业的延伸归根到底是需要让产品供给能够匹配市场需求（当然，你也可以说供给决定需求）。只有通过社群精准定位，资源准确供给，供给与需求实现了优化匹配，才能用消费升级推动业态升级，用业态升级带动全域发展。而说到这里，就不得不提到区位论。

"区位条件优越"是我们听得都觉得发腻的一句话，然而仔细深究一下区位条件优越应该推导出的是什么呢？应该是拥有多样化，有消费力的上规模社群。这些社群对于特色小镇而言就是潜在的特殊社群。为什么特色小镇在长三角落地开花如此成功？拥有大量的特殊社群是其成功的关键！这也是城市群带给特色小镇这些创新空间的红利。

1.2.4 "特"在特质空间打造：能够引得来人，留得住人的场所

空间是小镇最朴实的要素，是小镇发展的物质载体。特色小（城）镇的特质空间是应该能够引得来人、留得住人的场所。对于消费者快速增长的体验品质需求，空间的体验直接关系到小镇消费环节是否能够打通。无怪乎江浙沪地区出台的特色小镇指引政策中都明确指出非旅游类特色小镇的空间环境应该达到4A景区要求，旅游类的则要达到5A景区要求。不仅仅要高端要素集聚，还需要集聚在高品质的环境中。

除了高品质的整体环境之外，小镇的空间塑造仍然需要"特色"，也

就是需要能够体现小镇场所精神的空间要素。例如在阿那亚的案例中，我们就可以看到若干的"网红建筑"。海边的教堂、孤独的图书馆都成为阿那亚地区的精神堡垒，成为吸引消费者到达、驻足，甚至膜拜的文化地标。从这个角度，要充分理解"特色空间"的重要性就不难了。社群消费的不仅仅是特色资源转化成的特色产业，同时还在消费这个"消费过程"，即消费体验。不仅仅对于消费者而言，对于从事生产活动的生产者而言，特色空间本身就是一个空间体验过程、消费体验过程。

1.3 空间的秩序：特色小（城）镇增长转型也是有逻辑的

1.3.1 线性增长向统筹增长的转变

1）蝴蝶效应：从线性机制向网络机制转变

正如传统专业镇的发展模式，以往类似特色小镇尺度的开发往往在动力体系上呈现出线性动力机制。无论是传统专业镇、园区，还是新区的开发，均是单纯地依靠廉价的空间要素（包括土地要素、环境要素等）吸引产业要素的植入，从而推动城乡发展（图1-2）。线性动力供给难免造成城镇动力来源单一，最后的结果往往是无法持续地支撑这个地区的长期发展。如果要适应当前的发展诉求，特色小镇的动力机制应更为多样化。

图1-2 线性机制

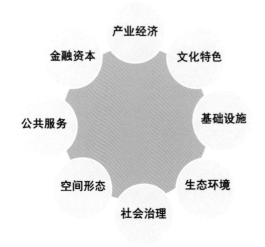

图1-3 网络化动力机制

特色小镇的发展过程中，能够不断地创新，激发人的创造力是特色小镇的重要目标。在构建小镇的动力机制过程中，应该注意所谓的意外发现管理，最大限度地将创造成果转化为生产力[3]。因而发展特色小镇应该选取网络化的动力机制，而不是传统专业镇所采用的线性机制。在网络化的动力体系中，包括文化、生态、空间、金融、产业等在内的多种发展动力相互作用，形成互相依托、互相促进、互相催化的动力系统。无论是动力网络中的哪一个要素投入都可以对网络形成推动，也就是所谓的"蝴蝶效应"。只有多样化的动力交织成系统化的动力机制才能持续支撑特色小镇的发展（图1-3）。

2）增长价值的转变：从经济到人本

由为"经济"规划到为"人"规划的转变。即特色小镇的规划中，要构建以人为本的"内文化外生态"的圈层理念。规划关注点从单一的产业发展向产业、生态、文化等共同发展转变，从经济尺度转向人的尺度，由经济发展诉求出发转向特定人群需求出发（图1-4、图1-5）。

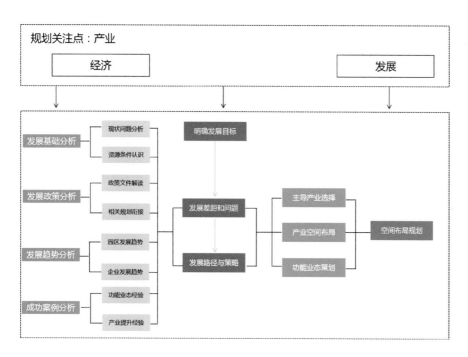

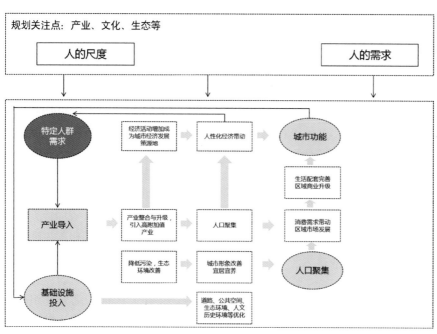

图1-4　内外兼修动力逻辑引起的规划理念转变

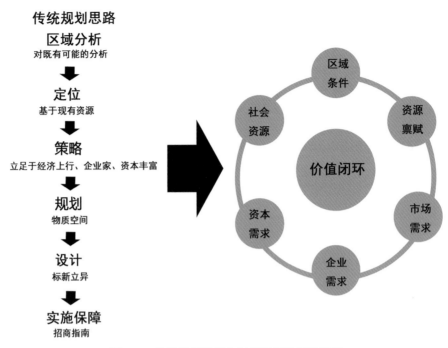

传统规划思路

区域分析
对既有可能的分析

定位
基于现有资源

策略
立足于经济上行、企业家、资本丰富

规划
物质空间

设计
标新立异

实施保障
招商指南

区域条件

社会资源

资源禀赋

价值闭环

资本需求

市场需求

企业需求

图 1-5　传统规划逻辑向创新规划逻辑的转变

1.3.2　产业的逻辑：新经济背景下的小镇动力

既然是需要统筹增长，而不是线性增长，那么产业构建的逻辑就需要两手抓。即一手抓特殊资源（禀赋），一手抓特定社群（需求）。从供给侧和需求侧两端同步入手，构建"挖掘—转化—孵化—升级—催化"的价值链闭环，从简单的产业加工地到真正的品牌创造地。

在做讲座的时候，我常常引用咖啡消费升级的例子来解释小镇的产业逻辑。可以设想一下，某地的特殊资源是制作杯子的黏土。经过初级加工后，黏土被制作成为普通杯子，也许可以卖 10 元。经过设计后，这个普通杯子升级为了中档马克杯，可能卖到 25 元。之后经过品牌包装后，被贴牌了某某咖啡的标志，这个杯子已经可以卖到 150 元到 200 元。最后又被冠以咖啡文化，成为咖啡休闲产业链中的一环。这个过程实际上就是一个产品供给与消费需求同步升级的典型案例。小镇产业体系实际上也存在着同样的逻辑，即"挖掘—转化—孵化—升级—催化"。

第一步当然是挖掘小镇的特殊资源。找准本地真正的"稀缺性资源"，真正具有比较优势的资源非常关键。例如袁家村，坐拥近在咫尺的唐代皇家陵园，但是它并没有去强调。因为袁家村所在的地区，类似的资源太多，袁家村在这个领域并不具有独特性。它的成功之处在于补缺大区域市场需求，专做关中美食集大成的文章。做深、做透、做精，最终塑造了现在袁家村的品牌。

第二、三步的转化、孵化实际上是特殊资源产品化、商品化的过程。地方的优势资源能够有效转变为产品并且可以针对市场需求被商品化，才初步实现了资源的市场价值。

经过第四步的升级，才能让初步市场价值得到进一步释放。这个过程实际上也是针对消费升级而形成的一个产品升级过程，甚至有可能第四步会不断出现。

第五步的催化是指形成产业链的过程。通过某个龙头产品拉动周边产业的关联发展，形成产业体系。这也就是我们常常在一些小镇看到出现周边产品的原因。由于某个产业的发展，拉动了包括文创在内的产业联动，实现了品牌价值。从而，也实现了"挖掘—转化—孵化—升级—催化"的价值闭环。

1.3.3　空间的逻辑：从全域、片区到节点

关于特色小（城）镇的空间构成，网络上有很多的说法。例如特色小（城）镇应该产城融合、需要城乡一体、需要多规合一等等。我觉得不妨还是回归到最朴素的空间层次维度，按照全域、片区和节点的逻辑来构建特色小（城）镇的空间逻辑。

需要特别说明的是特色小（城）镇本身就包括了两个层次概念，即特色小城镇和特色小镇。之前也曾解释过，这两个是不同的空间尺度概念。因此，这就导致了如果用全域—片区—节点三个层次来描述，它们必然是一个相对概念。例如，如果以特色小城镇为片区层次，那么全域则是指该建制镇所处的更大尺度区域范围，可能是县域，也可能跨区域。而节点层次则包括了镇区、村落、非建设空间等下一层次空间，当然在这个空间层次中也可能涵盖了特色小镇。如果以特色小镇为片区层次，那么全域层次则可能是区域、城镇或开发区，也可能是这个特色小镇所处的特色小城镇，而节点层次则包括了内部精致空间或者相邻的村庄、田园综合体等（图1-6）。

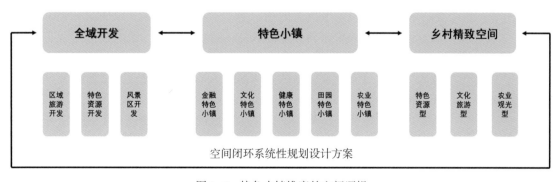

图1-6　特色小镇维度的空间逻辑

无论在哪一个维度下，"全域—片区—节点"的空间层次都有其合理性。全域空间是特色小（城）镇发展的区域背景，也是其发展的依托。尤其是对于一些文旅特色小（城）镇而言，大量的旅游吸引物实际上是在区域性资源。比方说黄山市众多的文旅小镇，它们所依托的旅游吸引物是遍布黄山地区的。全域空间的布局会直接影响到特色小（城）镇本身的空间结构和功能组织。从区域的视角审视和定位特色小（城）镇非常重要。甚至在有些地区，应先从区域入手，明确特色小（城）镇体系，再着手规划特色小（城）镇。

片区空间则是特色小（城）镇自身的空间组织，也是具体体现创新空间的层次。产业要素集聚主要体现在片区这个层次，可以说片区空间是全域的增长极。作为全域的增长极，特色小（城）镇是区域内人力资源、企业资源、金融资源、服务资源等要素的集聚区。一方面它可以整合和转化区域的特殊资源；另一方面可以拉动周边节点的发展。例如杭州梦想小镇，在区域范围内实际上它进一步整合了包括阿里巴巴西溪园区外溢产业在内的各种要素，也为周边地区的发展提供了原动力，成为区域新的增长极。

节点层次包括了区域内的精致空间、乡村等更小尺度的空间载体。例如特色小镇的精致空间就包括小镇客厅、小镇展示中心、服务中心等公共空间。这些精致空间往往是带动特色小（城）镇发展的引爆点。

1.3.4 治理的逻辑：让政府、企业与公众都动起来

特色小（城）镇的运营有政府为主体的、企业为主体的，也有政府与企业合作运营的。简单地用"运营"这个词可能片面了，因此本书选取"治理"这个宽泛的概念来描述特色小（城）镇的运营层面逻辑。毋庸置疑，这个逻辑可能是当前特色小（城）镇遇到的最大挑战。

2016年后，全国特色小（城）镇建设如火如荼。按照当时的计划，每个特色小（城）镇以3年为考核期。当笔者在2018年陆续参加了不少地方特色小镇调研的时候发现，运营已经成为一个大难题。2016年之后，地方政府投入了巨大的精力撬动了特色小（城）镇的第一个阶段发展。但是由于缺少运营企业的入驻，特色小（城）镇的整体运营实际上还是在地方政府手里。政府在第一阶段的政策性投入虽然吸引了不少企业入驻，却没有找到合适的整体运营商。这样就造成第二阶段发展、治理方面的乏力。

可以肯定的是，不同于以往传统发展模式，特色小（城）镇开发和运营需要充分调动起政府、市场、社会等各方力量。无论是以企业为主体运营，还是政府企业合作运营，至少得区分清楚特色小（城）镇所有者、经营者、使用者、受益者的不同角色。也就是在特色小（城）镇治理中，框架谁来划定、执行谁来负责、资源如何使用、获益如何分配。

明确好治理什么、谁来治理的顶层架构。

治理是有巨大挑战的，尤其是在市场需求不断变化、不断升级的环境中。因此有必要在动员特色小（城）镇各方力量的同时，为小镇制定治理的战略框架。可以借鉴情境规划（Scenario Plan），为小镇谋划可能的治理方向和治理场景（图 1-7）。

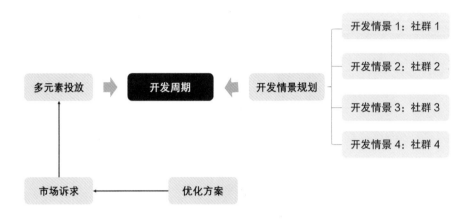

图 1-7　规划及项目开发流程

1.3.5　价值的逻辑：文化内核与生态基地需要内外兼修

1）动力机制构建：内生动力与外部动力的统筹与整合

如果将产业逻辑、空间逻辑和运营逻辑做一个叠加，那么我们就很容易发现"穿透"这三个逻辑"图层"的是人的需求，即产业是为人的需求而生、空间是为人的体验而生、运营则是为人的活动偏好而生。人的需求是特色小镇发展逻辑的动力源泉。

如果进一步细分，那么特色小镇的建设机制实际上总体上遵循小城镇的两大动力机制，即外推型和内生型[4]。在网络化动力机制的框架下，特色小镇的动力体系也可以划分为内生动力与外部动力两大范畴，人的需求是构成特色小镇内生动力的核心（图 1-8）。内生动力与外部动力共同构成特色小镇的网络化动力机制。

特色小镇的外部动力主要包括传统生产要素供给（如土地、劳动力、资本和企业家等）和创新生产要素供给（如信息、技术等）。前文所提及的传统专业镇实际上就是依托外部企业资源（发展所需的企业家与资本）与城镇所可以提供的土地与劳动力资源等。外部动力可以有效、直接驱动特色小镇的发展。尤其在特色小镇发展初期，产业的直接导入会直接引爆小镇的前期开发。

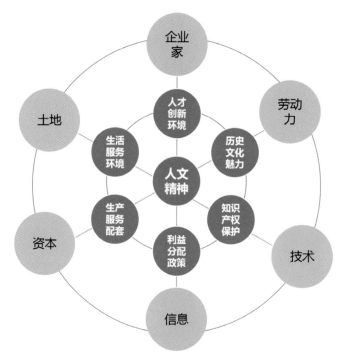

图 1-8　特色小镇动力机制

　　特色小镇的内生动力主要是指城镇自身可以产生的供给，例如可以促进信息与技术生产要素产生的知识产权保护制度等。内生动力主要包括人才环境、历史文化、知识产权、利益分配、生产与生活服务配套状况等。这些要素既涵盖软硬要素，也涵盖相关的制度、政策和标准。例如人才环境就是一种内生动力供给，它就包括吸引人才的制度设计、优惠政策、人才的工作环境与生活环境的支撑等方面。

　　人文精神是内生动力的一部分，也是内生动力的核心。人文精神意味着动力机制结构中的价值诉求与原动力。特定的人文精神对内生动力的构成有着决定性作用。例如，硅谷的人文精神在于不断地创新和颠覆。这种人文精神造就了硅谷在发展初期就制定得非常明确和严格的知识产权保护制度，让创新有了成长的土壤和法律的保护。建立完善的知识产权保护制度实际上就是实现了知识生产、创新、转换、孵化的公正价值闭环，对于科技创新小镇而言是非常必要的制度供给。

　　2）人文精神对动力供给的机制效用

　　包括内生与外部动力在内的特色小镇动力机制实际上就是从供给侧的角度对特色小镇生产要素体系化的梳理。其中，以人文精神为核心所形成的内生动力机制实际上是特色小镇从成长逐步走向成熟过程中阶跃式的供给转型。从这个供给转型中，我们可以清晰地发现人文精神在动力机制中所产生的巨大效用。

　　首先，特色小镇的持续发展需要营造激发创新的制度环境，通过制度环境实现进一步聚集信息与技术要素。传统生产要素供给可以引爆小镇初期的发展，创新生产要素会自发推动小镇的持续发展。吸引创新要素就必须有完善的制度环境设计。例如，从知识产权保护制度设计、利益价值分配制度等方面保障创新企业和创新团队的成果受到充分尊重与保护，这也是人文精神价值观所倡导的最基本要求。

其次，除了制度设计，还需要人性化的城镇规划设计。高品质的空间环境已经成为吸引企业家、人才和资本的重要因素。当然，这里的城镇空间规划设计包括功能、形态与服务。紧凑与丰富功能的空间布局、精致与品质结合的城镇环境、高效与便捷的服务设施已然替代原有的廉价土地资源成为创新型的发展要素供给。

再次，特色小镇需要构建自身的治理特色，倡导包容性、共治共享的社会结构。人文精神的价值取向倡导多元化的社会环境，这就要求通过共治共享的治理特色打造包容性小镇。它也是营造人才创新环境、吸引人才、留住人才必不可少的措施。以人本主义为核心的社会治理对于特色小镇发展而言是一种体现软实力的要素供给。

最后，让人文精神这一内生动力有效衍生为品牌优势。在探讨特色小镇品牌的时候，往往会直接将其定位理解为小镇品牌。例如美国的好时小镇，我们会自然地联想到好时巧克力。实际上这种联想归根结底是在体现特色小镇所内含的人文精神。就好时小镇而言，彰显的实际上是好时的企业文化及其创始人的名人效应。

第 1 章注释
① 本章节作者为陈易。本章部分内容源自作者在南京大学城市规划设计研究院北京分院公众号撰写的内容、发表文章和演讲培训材料的节选内容。

第 1 章参考文献
[1] 戴成英. 基于块状经济的信息保障策略研究——以浙江省衢州市为例[J]. 图书馆, 2010(5): 94-96.
[2] 石忆邵. 专业镇：中国小城镇发展的特色之路[J]. 城市规划, 2003, 27(7): 27-31.
[3] 李小芬, 王胜光, 冯海红. 第三代科技园区及意外发现管理研究——基于硅谷和玮壹科技园的比较分析[J]. 中国科技论坛, 2010(9): 154-160.
[4] 张银银, 丁元. 国外特色小镇对浙江特色小镇建设的借鉴[J]. 小城镇建设, 2016(11): 32.

第 1 章图片来源
图 1-1 源自：陈易、臧艳绒绘制.

图 1-2 源自：陈易绘制.

图 1-3 至图 1-8 源自：南京大学城市规划设计研究院北京分院项目实践及原创内容
（2017 年）.

作者申明：

　　谨向本书相关图片的原作者表示由衷谢意！本书的各章图片，尤其是源于网络的
图片，如遇版权纠纷，均由作者本人负责，如需获取图片使用费用，也请联系作者本
人。特此申明。

2 精细产业，供给侧与需求侧的同步升级

2.1 双升级：小（城）镇的消费与产业转型

记忆中小时候在北京肯德基前门店（中国内地的第一家门店）排队吃炸鸡时那叫一个摩肩接踵，无异于到了一个著名的景点。而现在肯德基早已被中国消费者归类为大众快餐，不得已才去吃上一次。曾经的雀巢速溶咖啡在中国家庭消费中是一个拿来送人的高档洋礼品，而现在中国的大城市已经开始普及现磨咖啡，速溶咖啡已经逐步淡出人们的日常。这些现象的背后是一个新鲜的名词——"消费升级"。消费升级作为一个流行概念近年来频频出现于各大媒体。那么，什么是消费升级呢？消费升级又称消费结构升级，说的是在国民整体消费水平、质量提高的基础上，消费结构不断地合理、优化，由低层次向高层次转化的过程[1]。具体来看，就是越来越多的人愿意选择更省时间的高铁而非普通列车，愿意选择体验感更好的精品民宿而非传统酒店，以及愈加倾向于更能彰显态度的服装品牌而非简单的仅能蔽体的衣服。正如十九大报告中提到的"新时代我国社会的主要矛盾是人民日益增长的美好生活需要和不平衡不充分的发展之间的矛盾"。消费升级实际上也是"人民对美好生活的需要"的一种具体表现。

需求端的消费趋势在改变，供给端的产业发展也在转变。需求侧与供给侧的双升级也展现出创新驱动在小（城）镇发展中的重要作用。

2.1.1 顺应"新常态"，特色小（城）镇产业从 1.0 走向 3.0 ①

产业毫无疑问是特色小（城）镇发展的核心。纵观全球成功的小（城）镇，无一例外，都具有嵌入本土并饱含其历史人文背景的独特产业体系。正是由于构建起这样的产业体系，这些小（城）镇的核心竞争力才得以持续提升。那么，特色小（城）镇应构建什么样的产业体系？这就要从特色小（城）镇的发源地——浙江说起。

浙江是特色小（城）镇的首创者。特色小镇的提出既是顺应地区发展和消费升级的必然选择，即块状经济发展已经到了亩均税收瓶颈，也是地区发展方式转型倒逼的结果，例如低水平工业化下对水资源、环境

的污染日益严重，浙江已经提出了三旧一改、五水共治、机器换人等产业、环境、空间升级政策。如果将改革开放初期浙江各镇基于特色产业形成的块状经济视为产业体系的 1.0 模式，那么，这些产业在区域范围内按市场机制分工协作，进一步规模化为传统产业集群，则可以称为产业体系的 2.0 模式。进一步地，将特色产业的研发、生产、销售、服务等集于一体，并通过高端要素集聚提升地区创新能力，通过整合历史人文要素提升产业内涵、优化区域发展动能，则可以称为产业体系的 3.0 模式②。而特色小（城）镇就是浙江从块状经济 1.0 模式向产业体系 3.0 模式迈进的自然结果。以"国际袜都"——浙江大唐袜业镇为例，可以看到浙江专业镇的产业体系从 1.0 模式，到 2.0 模式，再到特色小（城）镇 3.0 模式的逐步升级过程。

20 世纪 70 年代，手摇袜机启动了大唐镇以家庭手工作坊和集市零散交易为主的袜业 1.0 模式。那时候，大唐镇"袜一代"们夜里在家里用手摇袜机摇尼龙袜，通过街边支摊儿或提篮走街串巷来售卖。到了 80 年代，借改革开放东风，大唐袜子开始销往国外市场，一双袜子就有一块多的利润[2]。要知道，当时的一块钱可是一个小学生半学期的学杂费啊！在高额利润的吸引下，大唐镇涌现出不少中小民营企业。那时，大唐镇的袜机迅速扩展到 900 多台，并从手摇式发展为电动式。随着交易规模的扩大，交易场地和方式也发生了变化。1988 年，当地政府在杭金公路边搭建简易市场，为本地及外地人提供了专门的交易场地。

在历经近 20 年的发展启动期后，大唐镇开始迈向专业化和集群化为特征的产业体系 2.0 模式。1991 年，随着交易的继续扩大，大唐轻纺市场建成开放，近 2000 个摊位常常爆满。到了 1999 年，大唐镇开始举办每年一次的中国袜业博览会，吸引了来自世界各地的企业前来投资。自此，大唐袜业迎来井喷式增长。到 2000 年左右，大唐袜业发展至高潮时期。那时，大唐镇每年销往全国各地的袜子有近 14 亿双，连起来可以环地球 12 圈。大唐镇成为闻名全国的袜业之乡、市场大镇，并盛传出"大唐袜机响，天下一双袜"的说法。围绕袜子生产，大唐镇形成了横纵向分工明确、上下游配套完善的袜子全产业链及严密的分工网络（图 2-1），并逐步形成袜子产业集群。

具体来看，大唐镇袜子产业链囊括了轻纺原料供应—织袜—缝头—定型—包装—贸易—物流等全产业链环节，并形成原料生产与销售、袜子生产、缝头、定型、机械配件、袜子销售、托运等相关生产和服务企业，还有一个劳服市场。依托全产业链和产业集群优势，大唐袜业将成本降低了 1/4 至 1/3[3]。

天时、地利、人和造就了大唐袜业的繁荣。然而，由于严重依赖对外贸易、人工成本飞涨等原因，大唐镇也开始面临产能过剩、利润微薄等经营窘境。诸多压力之下，为降低成本，不少小型企业不得不把厂房设在村屋以降低生产成本，这就形成一楼生产、二楼仓库、三楼居住的

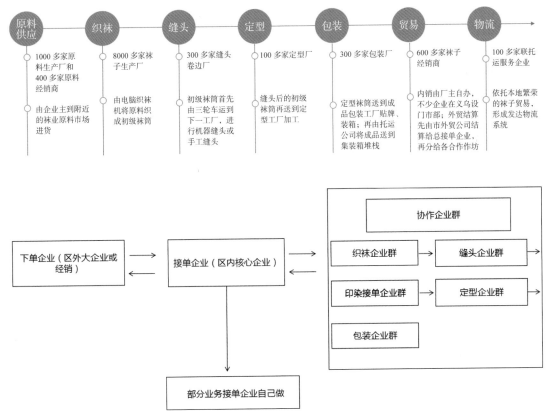

图 2-1　大唐袜业的全产业链及专业分工网络

家庭作坊（在潮汕地区，这类作坊被称为"三合一"）。这些小作坊由于严重的安全隐患，导致 2014 年的一场事故。在这之后，政府开始对所有工厂和小作坊展开地毯式清除。仅 3 个月，大唐镇原有的 6500 多家袜企就关停了 3203 家。这样大刀阔斧的关停整改运动虽然对企业发展造成很大影响，但大唐镇也因此有了新技术和新产品的创新空间，开启了主动式转型升级。所以在 2015 年浙江省提出建设特色小镇时，大唐镇其实已经做好了准备。

在这一背景下，大唐"袜艺小镇"应势而生，成为大唐袜业转型升级的一处"新高地"。袜艺小镇，地处新老城区交界，规划面积 2.87 km²，包括三大功能区：智造硅谷、时尚市集、众创空间。其中，智造硅谷是智能制造功能区，通过建立智慧工厂等，提升袜业智能化水平；时尚市集是袜艺特色小镇的文化艺术旅游区，将艺术与商业融合，为热爱艺术的团体提供交流共享平台；众创空间则是创业创新功能区，将成为全球袜业指数的数据库。袜艺小镇力求通过袜业高端要素的集聚，将创新、生产、销售、服务等集于一体，丰富袜业文化内涵、打造大唐区域品牌，目标建成全球最先进的袜业制造中心、最顶尖的袜业文化中心、全球唯一的袜业主题景观空间和全球唯一的袜业旅游目的地[③]。由此，"袜艺小镇"开启了大唐镇袜业产业体系的 3.0 模式。

自家庭手工作坊的块状经济 1.0 模式起步，经专业化、规模化袜业产业集群的 2.0 模式，最终迈向融合高端要素、文化内涵、创新及品牌意识的特色小镇产业体系 3.0 模式，可以说，大唐镇完成得一气呵成。同时，大唐镇也为我们提供了一个顺应各阶段发展诉求，适时进行产业转型升级的典型范例。

2.1.2 特色小（城）镇产业集聚 3.0 模式的三种实现路径④

结合以上大唐镇的成功转型经验，我们反过来再思考如何推动类似的专业镇、块状经济逐步实现产业升级与消费升级？也就是如何推动专业镇从产业体系的 1.0 或 2.0 模式，升级为特色小（城）镇的产业体系 3.0 模式呢？综合来看，有三种可能的实现路径，即单一产业的升级挖潜、基于主导产业的跨界融合、跨行业的转型升级（图 2-2）。

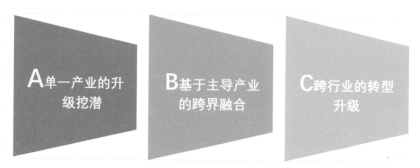

图 2-2 专业镇到特色小（城）镇产业转型升级的三种路径

1）单一产业的升级挖潜

我们熟知的特色小（城）镇多以单一的特色产业为主，所以这些小（城）镇的产业升级大多也以单一产业链的深入和完善为主。以法国普罗旺斯小镇为例，在小镇发展初期，政府出于差异化发展的考虑，希望打造一个以特色产业见长的小镇，于是大量种植薰衣草的想法应运而生。但由于当初工业技术落后，相对于其他作物，种植薰衣草的成本巨大，且收益较低。对此，法国政府出台一系列相关优惠政策来解决薰衣草产业发展过程中的问题，如出台农业信贷政策、农业生产价格补贴、新型农业机械的研发、政府推广平台的搭建等等⑤。政策的支持、技术的不断成熟，使得薰衣草的产量不断增加，直至发展成为普罗旺斯的一大支柱产业。除了种植之外，还将薰衣草进行深加工，如提炼薰衣草精油，制作各种薰衣草小制品如薰衣草花茶、蜂蜜、小枕头等，甚至有薰衣草口味的冰激凌等。法国年产薰衣草精油 1000 多吨，也因此成为世界香水大国[4]。

薰衣草给当地带来财富和美誉的同时，也形成了特有的小镇文化氛围。小镇的生产加工设备、待加工的香料，乃至墙上的老照片都在向人们诉说着"薰衣草之乡"的历史。按照当下时髦的话说，薰衣草成为当地的大 IP，它吸引着世界各地的香料加工者及游客慕名而来，体验当地独具特色的薰衣草生产、薰衣草传统和薰衣草文化。于是，围绕薰衣草这个 IP，普罗旺斯的文化旅游市场也逐渐形成，普罗旺斯逐渐成为"薰衣草"的旅游胜地。此外，普罗旺斯还在每年 6 月到 8 月举办薰衣草采摘节和薰衣草集市等，当地种植户也会推出半日或一日的"薰衣草之旅"。当人流量形成一定规模，品牌就成为运营的核心。在普罗旺斯，大量的薰衣草周边系列产品形成新的经济增长点，并促进薰衣草产业向纵深发展。

2）基于主导产业的跨界融合发展

除了单一产业外，也有部分小（城）镇是基于主导产业延伸成多产业融合发展的模式，法国依云小镇就是一个非常贴切的例子。依云小镇位于法国上萨瓦省北部地区，背靠阿尔卑斯山。阿尔卑斯山上的融雪和雨水在山脉腹地历经长达 10 余年的天然过滤和冰川砂层的矿化，形成饱含矿物质的依云矿泉水。独特的地理构造还使得依云矿泉水对一些疾病具有显著的疗效。于是，小镇政府通过对依云矿泉水进一步包装和销售，使得矿泉水产业逐渐成为镇上的第一大产业，小镇 70% 的财政收入都与依云矿泉水息息相关。

随着温泉的发现与开发，小镇管理者结合依云水的特性，专门成立了依云水平衡中心，主要提供依云天然矿泉水 SPA、温泉按摩治疗、母婴游泳和产后体型恢复等养生服务。随着疗养设施的建设和逐步完善，疗养产业也随之兴起。同时，由于小镇优美的自然环境可以为前来疗养的人提供视觉和心灵上美的感受，小镇的旅游业也逐渐发展起来。在这些产业的影响带动下，近年来，依云小镇开始致力于高尔夫运动赛事的推广。如今，依云锦标赛已发展成为国际性赛事中心，依云的品牌影响力也在赛事的传播下逐渐提升，并成为一个以天然、纯净、年轻、健康为主题的品牌小镇。

从以上依云小镇的发展历程不难发现，依托独特的地理和天然条件，小镇先是形成矿泉水的主导产业，并基于此，衍生出养生、康体疗养、文化旅游、体育运动等多元功能。就这样，依云小镇逐渐从单一的矿泉水产业小镇发展成为一个集矿泉水、旅游、疗养、运动等多产业融合发展的文化旅游目的地，进而实现小镇的产业升级与消费升级。

3）跨行业的转型升级

当然，除了单一产业的延伸和基于主导产业的多产业融合模式，还有一种是完全另起炉灶，通过跨行业的发展来实现小镇产业的转型和升级。以日本夕张市为例，夕张市早年因富产煤矿而闻名，然而，正如大多数资源型城市一样，随着煤矿资源的日渐衰竭，当地经济也逐渐到了崩溃的边缘。为扭转不利局面，当地政府曾试图采用大量发放债券的形式来发展旅游业，但最终却因无力偿还高额债务而不得不宣布破产。经济的崩溃导致夕张市人口开始大量外流，从1960年巅峰时期的12万人一度减少到全市只有1.2万人，夕张市竟成为日本人口第三少的城市，而且人口老龄化异常严重。

面对上述困局，夕张市又开始寻找其他的出路。经过政府、民间团体及当地居民的不断摸索，夕张市最终利用本地优越的气候条件，培育出日本著名的"夕张甜瓜"，并逐渐构建出以"夕张甜瓜"为核心的现代农业产业体系。围绕"夕张甜瓜"，当地人还研发出糖果、酒水、饮料等多种相关农副产品。同时，当地政府策划出"蜜瓜—爱情"的主题，借力文化旅游来全方位拓展产业体系，如通过举办夕张国际奇幻电影节等相关旅游节事活动，借助"Yubari Fusai"的可爱卡通人物的获奖经历等，将夕张市定位为快乐情侣旅行目的地。这一系列的措施，使得夕张市逐步从破产的阴影中走了出来。

由最初的煤炭小城，到盲目投资开发旅游后的城市破产，再到重新挖掘出当地最突出也最具特色的产业，并在此基础上不断进行延伸与升级。夕张市在产业升级的过程中打出了知名度，并通过联动旅游业等一体化发展集聚人气，最终成为富于特色的旅游目的地。进而融入区域发展格局，完成产业的彻底革新。夕张市这一路走来，虽历经大起大落，但却凭借从头再来的勇气，为我们呈现了一个完全跨行业转型的经典示范。

2.1.3 小结

从以上几个小（城）镇产业升级的过程中，我们可以看到：小（城）镇的产业升级虽路径各异，但万变不离其宗，都是围绕消费升级所需，通过聚集高端要素，提升产品质量和服务品质，最终推进小（城）镇的高质量发展。

2.2 IP设定：撬动小（城）镇产业发展的支点[⑥]

2.2.1 明星卖人设，小（城）镇卖IP

特色小镇或是特色小城镇的"特"在何处，又该如何彰显？IP起到了关键性作用。IP，这个近年来非常火的概念与同样火爆的特色小（城）镇的"特"字颇有异曲同工之处。那么，到底什么是特色小（城）镇的IP呢？其实IP的专业解释并不是一个新概念，它就是知识产权的意思，原词为Intellectual Property。但是当它与互联网经济擦出火花的时候，它就变得更加生动和时尚。IP可以是一个故事、一个形象、一种艺术等，相当于将特色小（城）镇"品牌人格化"。这可能有点晦涩，那让我们换个说法：IP 之于特色小（城）镇，相当于成功的"人设"之于明星！为啥这么说？因为他们之间相似度实在是很高。IP 就如人设，一般指的是人们一看到或听到某个名词时就在头脑中出现的画面。特色小（城）镇建立 IP 的主要目的，正如明星建立"人设"，是为了通过增加辨识度，形成共识，来吸引大众的注意力。

2.2.2 好 IP，首先要有好底子

没有好底子，明星人设怎么建立？好底子是明星建立完美人设的基础。一些炒作团队在打造自家艺人的人设时，首先要考量艺人自身有什么样的条件以及未来要走什么样的路线。很多明星的人设是建立在展现或放大自己独特、优秀的品质之上，并以此来形成粉丝圈中津津乐道的故事。例如近几年较为火爆的真人秀节目，给众多明星偶像提供了建立人设的平台，无论是居家好男人的"好爸爸"人设还是看到美食就目不转睛的"吃货"人设都深入观众的内心。商人看到明星人设带来的商机，明星通过活动可以稳固在观众心目中的形象，其背后的商业价值是无法估量的。

小（城）镇 IP 的建立也基于一副好底子。回头来看我们的特色小（城）镇，在打造小（城）镇 IP 时也需基于自身资源。无论是生态型，还是产业型特色小（城）镇的 IP 都应建立在独特辨识物和独有形象认知的基础之上。以南京大学城市规划设计研究院北京分院主持完成的云南碧溪古镇规划为例，云南碧溪古镇的开发就是基于得天独厚的自然资源和一脉相承的文化底蕴。和大多数云南旅游地一样，碧溪古镇不仅拥有独特的自然山水景观、瑰丽的少数民族风情，始建于明代的碧溪古镇还曾是茶马古道上的一个重要驿站。其背后隐藏的世家文化资源堪称世界级瑰宝，镇内四大家族的传奇故事从古至今都引领着碧溪古镇波澜壮阔的历史演变。

在编制碧溪特色小镇的规划过程中，项目组就以其世家文化为核心IP 塑造了碧溪特色小镇的整体定位。小镇的战略设计以完整挖掘出藏匿于这所小镇的世家故事脉络为主线，并将茶马古道旁的古道、古院、古镇与世家文化的世俗、精神、价值充分融合，以达到物质空间与精神信仰灵肉合一的效果。此外，更是将传统的世家文化与当代所宣扬的爱国、敬业、诚信等核心价值观相呼应，让传统文化栩栩如生地展现在现代人眼前（图 2-3）。

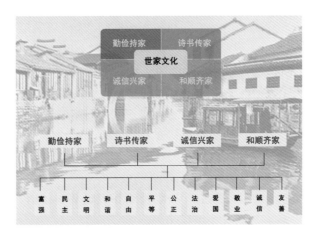

图 2-3 云南碧溪古镇之世家文化 IP

2.2.3 小（城）镇 IP 设计切忌随意捏造夸大

即使没有好底子，IP 也不能随意捏造。IP 不是一个独立的存在，它根植于人们脚下这片土地，是最接地气的小（城）镇发展元素。从外面嫁接来的也许能短暂停留，却不能长久地生存扎根。

要知道，明星人设也会崩塌。在这个资本主导的娱乐化时代，"立人设"已成为一种明星及其背后团队为了吸粉、博眼球和赚取高收益的炒作手段。可那些凭空捏造、被夸大的个性和人格魅力，又往往和人设崩塌、粉丝一夜流失的高风险相伴而行。以 2017 年被热议的某娱乐圈事件为例，立秋时分，某明星照例在微博上抒情感怀，其中提到梵高曾经的名言，但那浓浓的鸡汤味儿，连梵高都恨不得站起来辟谣。

正如明星的人设不能凭空而设、任意夸大，特色小（城）镇的发展也会物极必反。虽然说正赶上这样一个政策的风口，各类小（城）镇案例层出不穷，但是一哄而上、没有找准核心 IP 的特色小镇也是哀鸿遍野。那些凑热闹的特色小（城）镇，在 IP 打造上至少有以下三大经典误区：

一是生搬硬套。例如中西部很多地区的特色小（城）镇，居然完全不顾自身资源禀赋和产业基础，而直接套用江浙地区成熟的小（城）镇定位与模式，最典型的莫过于对浙江基金小镇、互联网小镇等小镇的盲目克隆了。很多地方领导仅跑到浙江学习考察一趟，回去后就直接在本地复制粘贴，完全忽略了浙江小镇的出现离不开其独有的产业大环境和块状经济特征的事实。事实上，这些小镇的某些成功经验是可以借鉴的。需要注意的是这些成功小（城）镇的核心 IP 的设立取决于其所扎根的特定区域的特殊环境，是踏踏实实"生长"出来的，而不是生搬硬套捏造出来的。

二是创新过度。有些规划设计为了突出特色小（城）镇的"特"，片面理解差异化。将小（城）镇的唯一性和排他性做到极端，就有些过犹不及了。例如说某历史文化名城，明明有深厚的历史文化资源，却一定要别出心裁地大力建设与之没有任何联系的西游记主题公园。在这里横空出世的西游记主题公园，再植入一系列与本地文化毫无关联的元素与概念。这种舍本逐末，博眼球、强蹭热点的营销手段并没有为其带来期待中的客流，却只带来了一时的喧嚣和长久的冷清。

三是错用本地文化。虽然尊重地方特色文化是小（城）镇发展中需要秉承的原则，但是不能与时俱进的发展思路是不能让游客心甘情愿地买单的。开发者往往会因"为了文化而文化"，"为了保护而保护"这种过于固执的想法，压制了创新的思路。

2.2.4 一切围绕 IP，让 IP 成为小（城）镇的灵魂

特色小（城）镇的 IP 设计切忌大包大揽、过犹不及。打个比方，明

星人设如果包装过头了，只会平添笑柄。除了上文提到的崩塌了人设的某男星外，许多女明星也一步步地陷入了人设的怪圈。例如依靠"吃货""敬业""带货女王""工作狂""耿直""网瘾少女"等人设猛涨热度。然而，当人设舞过头，"崩塌"时，不仅会对粉丝群体形成负面的价值导向，也会造成负面的社会影响。

　　正如明星的人设不能太多太杂，特色小（城）镇IP的打造，除了有好底子且不能随意捏造之外，知行合一、敢于放手，也是一个关键准则。特色小（城）镇，最重要的就是要有特色，切忌做成"什么都是，什么又都不是"的拼盘大杂烩。而在这方面，日本的熊本县可以说是一切聚焦核心IP的一个成功案例。围绕"熊本熊"的唯一IP，熊本县延伸产业链，衍生相关旅游产品和服务，赚了个盆满钵满。

图 2-4　熊本县随处可见的熊本熊形象

　　熊本县本是一个既无知名度，又无旅游资源的农业县，但借助交通干线的开通，成功地打了一个翻身仗。在2011年新干线即将贯通九州之际，熊本县政府为了吸引更多人能在本站下车旅游，提前一年便创作出呆萌的熊本熊形象，作为本地的特有IP，并通过2010年"熊本熊失踪事件"、2013年"熊本熊丢了红脸蛋"、2014年"熊本熊亮相红白歌会"等一系列营销推广事件，在社交网站上积极与公众互动等形式进行IP宣传。这样，熊本熊这个横空出世的IP，便彻底成为熊本县的形象代言者（图2-4）。

　　为进一步扩大"熊本熊"IP的影响力，熊本县政府更是围绕"熊本熊"这个核心IP，推行了"免收版权税"的关键政策。任何企业只需向政府提出申请，便可免费使用熊本熊形象。结果，仅两年就有超过9000家企业申请合作。5年间，熊本县的旅游人数增长了近20%，在日本国内乃至全亚洲都取得了非凡的成绩。

　　熊本县的成功带给了我们重要启示：一个地区若要打响自己的品牌，除了具有独特吸引力的好IP之外，也要围绕核心IP，注重线上线下活动与特色IP相结合，延伸产业链，拓展产品体系，强化品牌黏性，也有利于提升对相关产业的带动效应。

2.2.5　持续曝光，好IP需要不断"搞事情"

　　炒作、曝光等词语经常被大众所诟病，但实际上它们是中性词，是一种不断更新的商业技巧，通过最佳的创意和最低的成本来实现传播效应的最大化。高明的明星炒作顺序一般可以总结如下：切入点被大众认可→经纪公司提炼人设→设置议程、控制主流言论→短时间内达到理想推广效果→为明星的人设锦上添花。例如，之前某男星因被称为"人贩子"而上了热搜。因为他抱孩子的姿势和孩子的表情，充分表现了其笨拙又可爱的一面。经纪公司把握住了这一点，时不时地在他的微博放些类似的合影，来为他的"暖男人设"添砖加瓦，进行持续曝光。

而对于特色小（城）镇来说，基于好底子设计出不夸大、不虚无的特色 IP，再围绕 IP 构建出完善的产品体系之后，为了维持经久不衰的影响力，又该如何高明地"搞事情"呢？以下三点可供借鉴：

一是找准特质。首先要寻找到那些带有独特辨识度、生命力顽强、生命周期较长的核心 IP，再将其引入到商品、设施、活动和其他周边产品的设计中去。例如，北京故宫就非常注重宣传自身的 IP。本身拥有"皇室血统"好底子的它，借助"呆萌"的顺风车，自身旅游产品也一路高歌猛进，吸足了大众眼球（图 2-5）。

图 2-5　生活与工作中随处可见的北京故宫文创产品

二是寻找爆点。就是寻找小（城）镇中特色鲜明、值得炒作的特性，并借助一系列的爆点，达到更好的传播效果。如大理"文艺"的 IP 无疑扎根于所有人的心中，而宁浩导演的《心花路放》更是将大理旅游业推向一波新的热潮（图 2-6）。片中深度"文青儿"袁泉在大理寻找爱情，而唱着《去大理》的黄渤，也是在那里走出失恋的阴影。本有的文艺气息，再加上寻找爱情的浪漫幻想，这接二连三的爆点，使得大理的"文艺"IP更加深入人心。

三是吸引粉丝。为提高小（城）镇的人气，必须通过挖掘大众需求，找准痛点，提供预料之外的用户体验；再通过社交网站上的口碑传播，将线下的活动线上化，做到线上线下共同"搞事情"；最终实现从陌生人发展成粉丝，再进一步完成将粉丝发展为分销商的角色转换。例如，近年刷爆朋友圈、推文不断的位于秦皇岛阿那亚酒店的中国最孤独图书馆（图2-6）。作为近年来最成功，同时又带来巨大价值的微信营销案例，它通过极具诱惑力的产品包装（摄影作品和文案）和极具号召力的爆点选择，每天带来超过2000人并且络绎不绝的访问量。

《心花怒放》的海报 　　　　　　　　阿那亚的网红建筑之孤独图书馆

图2-6　特色小镇IP如何搞事情

2.2.6　小结

强加人设和过度炒作，无疑是明星发展之路上的定时炸弹，而优质、富有内涵的作品和贴合明星本身性格的人设，则能帮助其提升自身的商业价值和大众关注度。特色小（城）镇的IP，正如明星的人设一般重要，其打造的理念也大同小异。特色小（城）镇的开发应首先基于对自身特色资源的探索和挖掘，将独特的资源转化成核心产品，建立起独特鲜明的小（城）镇IP；然后从产业链和线上线下活动着手，一切生产和活动宣传均围绕小（城）镇IP进行；再通过适当的途径寻找爆点、大量吸粉，逐步建立起目标客群的市场黏性，锁定大众吸引力。唯有此，特色小（城）镇才能获得持续不断的发展动力。

2.3　乡土经济：农业小镇的产业升级之路[⑦]

农业小镇最大的"特色"在于其独特的乡土气息。过度开发而形成的不土不洋的农业小镇既得不到游客的青睐，又无法为本地村民带来实惠。那么在农业小镇的发展中，该如何挖掘其乡土特色，打造出与众不同的农业小镇呢？下面我们就将通过解读当前政策，结合国内外案例，谈一谈农业小镇转型升级的一些可能路径。

2.3.1　政策解读：一号文件对农业小镇的启示

近年来，关于乡村地区的发展，国家定期和不定期发布系列重大政策来推动农业供给侧结构改革和乡村地区的全面振兴。以最近两年的一号文件为例，2017 年中央一号文件《中共中央 国务院关于深入推进农业供给侧结构性改革加快培育农业农村发展新动能的若干意见》聚焦"三农"问题，明确指示要把深入推进农业供给侧结构性改革作为新的历史阶段农业农村的工作主线[⑧]。2018 年的中央一号文件《中共中央 国务院关于实施乡村振兴战略的意见》则针对农业供给侧的结构调整，提出诸多具体指导意见和要求，为广大农村地区包括农业特色小镇的建设，在产业、土地、资金等方面提供了明确指导和有力支撑。

1）产业方面：提倡发展新业态、提出三产融合

近两年的一号文件在产业方面都强调了两点要求：一是大力发展农业新业态，二是构建农村一、二、三产业融合发展体系。发展新业态、三产融合对农业小镇的转型提升提供了新的路径选择（表 2-1）。

表 2-1　近两年一号文件产业要点

2017 年一号文件——三次产业深度融合	2018 年一号文件——构建现代农业产业体系
"壮大新产业新业态，拓展农业产业链价值链"——在产业体系上突出"新"； 大力发展乡村休闲旅游产业：利用"旅游＋"、"生态＋"等模式，推进农业、林业与旅游、教育、文化、康养等产业深度融合[⑨]	坚持质量兴农、绿色兴农，以农业供给侧结构性改革为主线，加快构建现代农业产业体系、生产体系、经营体系，提高农业创新力、竞争力和全要素生产率[⑨]。 建设现代化农产品冷链仓储物流体系，打造农产品销售公共服务平台，大力建设具有广泛性的促进农村电子商务发展的基础设施，鼓励支持各类市场主体创新发展基于互联网的新型农业产业模式，深入实施电子商务进农村综合示范，加快推进农村流通现代化

2）土地方面：强调盘活存量、预留旅游设施用地

在用地方面，近两年的一号文件均强调了"盘活土地存量"和"预留旅游设施用地"。如 2017 年一号文件提出要"积极盘活存量土地，建立低效用地再开发激励机制"。2018 年一号文件则提出具体的实施手段：在符合土地利用总体规划前提下，允许县级政府通过村土地利用规划，

调整优化村庄用地布局，有效利用农村零星分散的存量建设用地；预留部分规划建设用地指标用于单独选址的农业设施和休闲旅游设施等建设。对利用收储农村闲置建设用地发展农村新产业新业态的，给予新增建设用地指标奖励。强调盘活存量、预留旅游设施用地，为农业小镇发展文化、旅游等功能，提供了用地保障。

3）资金方面：吸引社会资本、金融资源参与乡村建设

资金方面，近两年一号文件则均鼓励"撬动金融资源和社会资本更多投向乡村振兴"（表 2-2）。鼓励社会资本、金融资源积极参与，这些支持政策又对农业小镇的发展提供了资金保障。

表 2-2　近两年一号文件融资方面内容比较

2017 年一号文件	2018 年一号文件
创新财政资金使用方式，推广政府和社会资本合作，实行以奖代补和贴息，支持建立担保机制。（乡村休闲旅游产业方面）鼓励农村集体经济组织创办乡村旅游合作社，或与社会资本联办乡村旅游企业，多渠道筹集建设资金	加快制定鼓励引导工商资本参与乡村振兴的指导意见，落实和完善融资贷款、配套设施建设补助、税费减免、用地等扶持政策，明确政策边界，保护好农民利益。加快设立国家融资担保基金，强化担保融资增信功能，引导更多金融资源支持乡村振兴。支持地方政府发行一般债券用于支持乡村振兴、脱贫攻坚领域的公益性项目

诚如上文所述，中央一号文件为农业小镇的发展提供了更多方向与可能。那么农业小镇该如何践行这些政策？不妨通过对国内外三个经典案例的深入剖析，试图探索在新的历史阶段下，以农业为主的小镇如何实现新一轮的创新发展与全面振兴。

2.3.2　国内外农业小镇经典案例剖析

1）英国科茨沃尔德地区：区域协同、影视引爆和沉浸式体验的典范[⑩]

科茨沃尔德地区（图 2-7）位于英格兰中部，范围内有 200 多个村庄，被誉为"英格兰的心脏""心灵之乡"。科茨沃尔德地区通过区域协同、影视引爆和沉浸式体验三个独特方式，充分整合现有资源，大力发展旅游新业态，引爆热度，并将古朴、宁静、优雅、温柔集于一身，完美地展现了英式乡村风貌，塑造了远离尘世喧嚣的乡村度假天堂，成为农业特色小镇集群的典范。

首先，用旅游作为主线来协同区域的发展。中世纪时期，科茨沃尔德地区的村镇借助羊毛贸易而发迹，却因工业革命的兴起而导致衰落，但也因祸得福

图 2-7　科茨沃尔德地区

保留了大量富有乡土气息的原始古村落。最初，散落的乡土村落并未得到世人的关注。因为在英国人眼中这里只是司空见惯的村庄，而且车程半天到一天的时间来到这里只为游览一个村庄，对于游客来说，吸引力也着实不大。

于是，独具慧眼的当地旅游局决定开始用旅游业的概念来"包装"这一地区。他们规划了一条经典旅游线路，把几十个保存完好的大大小小的村落像珍珠般一个个串在一起，并赋予其"浪漫之路"的美名。这条"浪漫之路"全长 320 km，充分展现了英式田园乡村的精华。在旅游线路选取的时候，当局考虑到游客用一天的时间将全部村庄游览下来时间或许有些紧张，而且体验感不佳，于是将"浪漫之路"分为北半圈150 km 的"今日之路"和南半圈 170 km 的"明日之路"，开车游览各需一天时间。经过精心的"包装"，这条"浪漫之路"将散落的村庄一一串联了起来，并打上了"浪漫"与"文艺"的符号，使得科茨沃尔德成为了英式精致浪漫生活的代表，人们心目中追求梦幻生活的旅游胜地，成功吸引了全球不计其数的田园乡村旅游爱好者。2012 年，中国网民更是称赞科茨沃尔德是"全球十佳求婚胜地"之一（图 2-8）。

图 2-8　科茨沃尔德地区的浪漫之路地图

就这样，在区域整体旅游包装的理念下，科茨沃尔德地区从区域、片区、节点三个层次入手，为整个区域冠上了"浪漫"的帽子。在全域开发的同时，还注重片区和节点的打造，串联起来的村落（片区）不仅特色各异，且不乏抓人眼球的精致空间（节点），如集市场屋、河畔、广场等，构筑起了一个让人流连忘返、闭环型的"全域—片区—节点"的乡村空间体系，实现了区域旅游的协同发展。

其次，寻找到一个有效的切入点来引爆区域，例如知名影视作品。"浪漫之路"的完美包装确实吸引了大量旅游爱好者的关注，但由于旅游客群有一定的局限性，所以仍有大量的人群不知道这个地方，如不擅长上网的中老年人、广大的宅男宅女们等。于是，当地旅游局又决定通过在当地拍摄影视作品来扩大科茨沃尔德的知名度。在各方的努力下，各大知名影片纷纷应邀到科茨沃尔德地区的乡村小镇来取景。例如，"文艺女"最爱的《唐顿庄园》取景于科茨沃尔德地区的海克利尔城堡（Highclere Castle）、天鹅旅店（Swan Inn）、班普顿（Bampton）村等，荣获"奥斯卡金像奖"七项大奖的《战马》取景于科茨沃尔德南部的库姆堡小镇，"哈迷"挚爱的《哈利波特》则取景于科茨沃尔德的格洛斯特（Gloucester）大教堂、切尔滕纳姆美术博物馆、塞伦赛斯特镇拜伯里鳟鱼场、英国佩恩斯威克洛可可花园、罗马浴场、马美士百利镇亚比屋花园等场景。由于这些影片的知名度和影响力，很多小镇也因此变成了粉丝们的"朝圣"目的地，成为名副其实的"网红"小镇。

再次，通过完美运用体验经济，以沉浸式体验塑造强烈的乡村风格。体验经济，是从生活与情境出发，通过塑造感官体验及思维认同，来抓住顾客的注意力。它是一种产品与服务的有机结合，以服务为重心，以产品为素材，为消费者创造出值得回忆的体验和感受。结合旅游来看，体验是旅游的核心属性之一，旅游就是在体验与自身生活完全不同的另一种人生，从而获得内心的满足、愉悦和自我价值的实现[5]。

而漫步在科茨沃尔德，置身于蜜糖色石屋、英式园艺中，游客恰恰就会感觉自己犹如梦幻童话世界的王子与公主，又如生活在中世纪的英国绅士与淑女，"玛丽苏"场景可油然而生。加之在这里既有多种多样的节事活动与美食体验，又有正统的英式红茶与村庄的微型模型，还有贵族豪宅与平民住宅，以及活动丰富的体验式亲子农场——科茨沃尔德农场乐园（Cotswold Farm Park）等，这些都无一不让游客体验到区别于传统生活的"抽离感"。

综上，科茨沃尔德地区通过借力旅游，内外发力，打造出乡村旅游小镇集群。首先，站在区域协同的视角下，充分整合现有资源，将区域中几十个村庄进行统一规划与文旅包装，并通过热播影视剧选景为小镇引爆热度。同时，又通过沉浸式乡村生活体验为游客打造独特的旅游体验，这些衍生旅游新业态的路径为我们的农业小镇升级提供了可行的参考。

2）美国纳帕谷（Napa Valley）：三产融合与区域差异化发展的典范[11]

纳帕谷位于美国加州旧金山以北 80 km，由八个小镇组成，是世界上著名的葡萄酒产地。从 19 世纪中期开始，纳帕谷就以葡萄种植和酿酒业为主，如今通过植入品鉴、餐饮、运动、养生、会议及各类娱乐休闲功能，已发展成为一个融合葡萄酒文化与庄园文化的综合性乡村休闲小镇集群，每年接待来自世界各地的游客达 500 万人次，旅游相关经济收入超 6 亿美元，为当地直接创造 2 万多个工作机会[6]。

纳帕谷的发展基础对于农业小镇来说是比较典型的，其成功经验也成为我国类似农业小镇发展的理想愿景，而它的发展路径正是上述一号文件中所强调的"实施休闲农业和乡村旅游精品工程"。那么，从若干个单一的葡萄酒小镇到综合性的乡村文旅小镇集群，纳帕谷是如何实现其休闲农业和乡村旅游精品工程的？从传统典型的农业小镇到世界顶级的酒庄集中区，纳帕谷是如何一步步树立起自己优势品牌的？在此过程中，这里的八个小镇又是如何促使旅游业与原有优势产业的融合发展？再进而实现各自的差异化发展的？从这些小镇的发展历程中，我们或许可以得到这些答案……（图 2-9）。

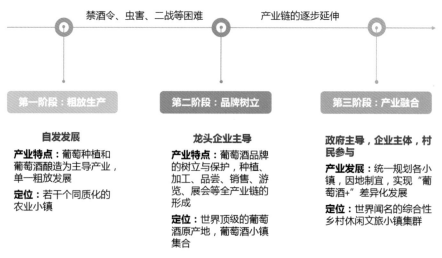

图 2-9　纳帕谷产业发展历程

正如我国大部分农业小镇一样，纳帕谷最初也经历过单一、粗放的自发阶段，其第一阶段的成功，在于规模化生产，通过大范围的种植和加工。自 1838 年纳帕谷开垦出第一个葡萄种植园，纳帕谷的葡萄酒产业至今已有 180 多年的历史[6]。纳帕谷位于丘陵地带，拥有温润的地中海气候和多样化的土壤，从 19 世纪中期到 20 世纪初，当地商人和居民充分依托这些自然优势，开垦葡萄种植园，开办酿酒厂，葡萄种植和酿酒加工也自然地成为这一时期纳帕谷的主导产业[6]。但这种自发的单一农业发展模式也导致了纳帕谷产业的发展相对粗放无序，各个小镇因产业类似，没有形成差异化，而导致各自为政，同质竞争激烈（图 2-10）。

图 2-10 纳帕谷葡萄种植

纳帕谷第二阶段的翻盘，在于葡萄酒品牌的树立。从 20 世纪初开始，纳帕谷自发繁荣的农业经济先后遭受了根瘤蚜虫侵袭、禁酒令、经济萧条、二战等困难和打击，以致当地诸多酒厂倒闭，产业发展一度停滞甚至倒退。但在二战胜利后的经济恢复期，纳帕谷的葡萄酒产业随着整体经济的复苏，又迎来了新一轮的发展机会。此时，龙头企业纷纷与纳帕谷附近的加州大学戴维斯分校进行产学研合作，对酿酒工艺进行现代化改造，政府和企业共同对纳帕谷葡萄酒的品质进行严格的维护和坚守[6]。终于，在 1976 年的巴黎葡萄酒评鉴大会的"盲品"中，纳帕谷的赤霞珠和霞多丽两个品牌双双击败了著名的法国波尔多名庄，均获得了首奖。从此，纳帕谷红酒就被一致公认为全球特级葡萄酒品牌[7]（图 2-11）。

纳帕谷的各个小镇在第二阶段的发展仍以种植和酿酒为主，应用现代科技，提升产品附加值，培育葡萄酒品牌，着力发展精致农业。之后，借葡萄酒品牌的树立，又逐渐形成了包括葡萄种植与加工、葡萄酒品尝与销售、观光游览、品牌展会等功能于一体的全产业链，成为世界顶级葡萄酒原产地。

纳帕谷第三阶段的繁荣，在于三次产业的融合发展。随着葡萄酒品牌的打响，20 世纪 80 年代，纳帕谷的旅游业逐渐开始兴起，纳帕谷各小镇的产业链和城镇功能也进一步延伸。从最初只是单一的旅游参观到之后配套设施功能的逐渐完善，过程中三次产业相互融合，基于一二产业的葡萄种植、葡萄酒酿造，发展出第三产业的旅游，再进一步，又延伸出各类相关服务业，如此，三次产业相互融合，共同成为吸引游客和消费的核心[8]。在三次产业的融合发展中，各个小镇的差异化定位、产品体系和节事活动的策划、旅游业提升区的设立都是重要的关键点。

图 2-11 纳帕谷的葡萄酒品牌

首先，政府对纳帕谷各镇进行统一规划和差异化定位。由于纳帕谷各镇均以葡萄酒产业为三次产业融合发展的基础，为促进差异化发展，纳帕郡政府及当地旅游管理部门根据各镇资源禀赋和现状，以"葡萄酒+"为核心，将八个小镇的定位分别分成四大类（表2-3），即：葡萄酒酿造与销售、葡萄酒+运动+休闲、葡萄酒+文创+商业、葡萄酒+休闲+养生，整体形成以体验为主的乡村休闲小镇集群[8]。需要关注的是，这八个小镇基于各自独特的发展定位，形成各有侧重的发展路径，这也正符合上述一号文件中"利用'旅游+''生态+'等模式，推进农业、林业与旅游、教育、文化、康养等产业深度融合"等发展要求。

表2-3　纳帕谷各镇的发展方向

小镇名称	资源禀赋	发展定位
American Canyon	从旧金山进入纳帕谷的门户，拥有起伏的群山，临河的湿地及丰富的野生物种	葡萄酒+运动+休闲（主要是徒步、自行车等户外运动）
Napa	纳帕谷最大的镇，拥有历史悠久的老镇区，商业基础好，是"品酒列车"的起点	葡萄酒+商业+文创（住宿、餐饮、艺术画廊、市场等），整个纳帕谷的配套服务中心
Lake Berryessa	纳帕谷唯一一个不靠近主路（Hwy 29）的小镇，临近纳帕郡最大的湖泊	葡萄酒+运动+休闲（主要是各类水上运动和露营、徒步等）
Yountville	美国米其林餐厅最集中的小镇，餐饮业发达	葡萄酒+商业+文创（餐饮为核心，兼具一部分艺术、商业、娱乐等功能），整个纳帕谷的餐饮中心
Oakville 和 Rutherford	著名的赤霞珠主产地和权威认证地，拥有悠久的酿酒历史	葡萄酒酿造与销售（专注葡萄酒产业本身，主要业态为酒庄和少数手工艺品商店）
St. Helena	历史街区保存较好，美国烹饪学院所在地	葡萄酒+商业+文创（主要在历史街区上，包括精品店、古董店、艺术画廊等）
Calistoga	纳帕谷最北端，拥有优美的古镇风光和特色温泉资源（泥浴）	葡萄酒+休闲+养生（温泉、SPA、瑜伽及各类放松休闲活动）

其次，纳帕谷充分依托产业资源进行产品体系和节事活动策划。八个小镇针对各自特定的产业发展定位，与主导的葡萄酒产业协同发展。例如温泉养生类小镇，运用红酒为原材料，提供温泉养生等高端享受休闲服务；体育运动类小镇，将葡萄园所创造的美丽景观与比赛场地相结合，有效地缓解了比赛的紧张氛围；商业艺术类小镇，将红酒产品与手工艺品作为热点吸人眼球，建造艺术画廊，红酒艺术工厂等中枢空间吸引客群。除此之外，纳帕谷还专门开设了"品酒列车"路线（Napa-St.Helena），沿途提供缆车观光、热气球观光、葡萄园高尔夫、酒庄婚礼等特色服务，以及葡萄酒拍卖会、绘画和摄影展、音乐会等葡萄酒的体验活动。

最后，政企合作成立旅游业提升区（TID）助推纳帕谷旅游发展。为提升纳帕谷葡萄酒小镇集群的整体竞争力，同时减轻政府财政压力，由纳帕郡会议与游客管理局牵头，联合纳帕郡政府、八个镇政府、纳帕郡商会以及当地酒庄、宾馆、饭店等相关企业共同设立了纳帕旅游业提升区，并成立纳帕郡旅游公司，作为非盈利组织对其进行统一管理。公司通过 PPP 模式对各小镇进行投融资及旅游宣传[9]。如一号文件中提倡的鼓励社会资本、金融资本参与乡村振兴，纳帕郡旅游公司的成立充分调动了当地的闲置社会资本，减轻了政府的财政压力，并通过统一监督和管理使资金运用有的放矢，有效避免了各镇之间的同质竞争[9]。

3）成都三圣花乡：盘活用地与多元融资的典范

三圣乡位于成都市锦江区，从 90 年代开始发展鲜花种植，2000 年获得"中国花木之乡"之称。随后它以"花文化"为媒，巧妙运用丰富的农业资源，创造性地打造了五个农业主题景区（即图 2-12 中的"五朵金花"），集乡村旅游、休闲度假、文化创意、商务等于一体，先后获得"国家 4A 级旅游景区""首批全国农业旅游示范点"等称号，2015 年接待游客超过 1200 万人次。三圣花乡是我国在乡镇层面上以现代农业为基础，发展多元化乡村休闲旅游的典型案例。对于农业特色小镇的打造，三圣花乡在产业发展、空间盘活、资金运营等方面的经验均有一定的借鉴意义。

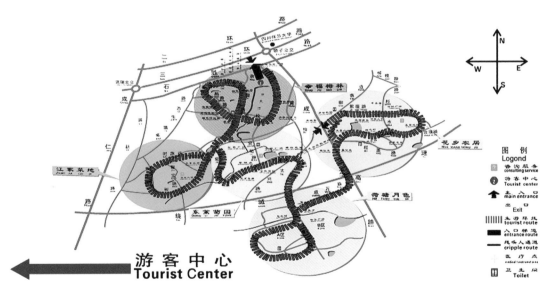

图 2-12　三圣花乡旅游区全景示意图

第一，产业方面，注重文化注入，旅游带动，多元协同发展。一方面，依托本地农业基础，注入文化因子打造"一村一品"。三圣花乡依托本地的现代农业种植，将六个行政村进行合并，分别打造花乡农居、幸福梅林、江家菜地、荷塘月色、东篱菊园五个农业主题景区[10]，发展乡村休闲旅游。"幸福梅林"的传统花卉文化、"荷塘月色"的绘画艺术文化、"江家菜地"的农耕文化[10]……各村在赋予本地民俗文化内涵的同时，也有着各自不同的产业特色，如创意村、画家村、雕塑村、摄影村、民俗村等，将单一的农业生产转变为能休闲、可体验的文化旅游活动。另一方面，以旅游业为龙头，提升传统农业附加值。由于三圣花乡的旅游定位与规模化、产业化的农业生产紧密结合，都市休闲农业的大力发展，使得经济效益大幅增加。原来种粮食每亩年收入200—300元、种蔬菜或花年收入2000—5000元，改造后每亩收入达上万元。

第二，用地方面，允许农户出资，政府补贴，集约开发土地资源。首先，由于三圣花乡地处城市通风口，可建设用地量非常有限，锦江区政府为推进"五朵金花"的建设，就通过拆除违章建筑，严禁乱搭乱建，充分利用荒山、沟渠、坡坎等多种方式，盘活了各类土地资源，使村内有限的土地资源发挥出最大的经济效益[10]。其次，三圣花乡通过"农户出资、政府补贴"的方式进行村庄整治，引进专业公司对农房进行整体改造和策划包装，形成统一的老成都民居风貌，发展独具特色的乡村酒店等业态，引导农户以宅基地和土地承包经营权入股的形式，以"保底+分红"的模式激活农村存量固定资产和土地资源的价值，使农民分享到多元收益[12]。此外，作为近郊的乡村休闲旅游小镇，三圣花乡在基础设施建设上积极接轨城市标准，以人的需求出发，同时道路建设顺应山水地形，对镇村交通进行人车分流，保障全镇水电供应，宽带入户，天然气供应充足，还为未来铺设留有余地等等，这些高瞻远瞩的行动，又进一步增强了三圣花乡对都市休闲人群的吸引力[13]。

第三，资金方面，引入政府资金、民间资本、集体资产等多元渠道。正如上述近两年一号文件的政策提倡，三圣花乡在建设运营中，也积极拓展多元融资渠道：一是政府资金的投入。基础设施建设上，"五朵金花"每个村政府投入1000多万元的资金，用于乡镇基础设施的改造[13]；平台搭建上，锦江区政府出资8300万元建设基础设施，并搭建融资平台撬动民间资本[13]；此外，在政策扶持、市场推介、人才资源以及旧村改造的推动上，政府也发挥了重要作用。二是民间资本的介入。锦江区政府搭建的融资平台，成功撬动了当地民间资本1.6亿元。三是集体资产的参与。乡镇以固定资产入股的形式也来参与三圣花乡的旅游发展和建设[13]。

2.3.3 特色小（城）镇：供给侧改革下的农业小镇转型升级之路

综合借鉴以上成功案例，可以看出农业小镇的转型升级离不开以下几点：

（1）找准定位：依托农业资源，打造新型化的特色田园生活

农业特色小镇的发展关键是基于当地的农业资源优势，打造一种区别于都市生活方式的新型田园生活，体现出一种淳朴、自然的生活氛围与乡土气息。在打造"一村一品"升级版的过程中，需根据自身自然、

文化、产业等特色，如纳帕谷八个小镇各自的差异化定位，以及三圣花乡分别打造的花乡农居、幸福梅林、荷塘月色等五个农业主题景区，通过差异化定位，精准地找到"旅游吸引核"，打造自身核心 IP，并通过沉浸式体验等方式将其强化，让游客体味到真正的田园生活。

（2）塑造品牌：精准定位，拓展产品，多手段强化农业小镇品牌效应

有了明晰精准的定位后，接下来，农业小镇可学习科茨沃尔德、纳帕谷等地区经验，通过加大产品研发、进行工艺改造、吸引影视拍摄、举办节事活动等途径，塑造并宣扬自身品牌，提升农业产品附加值，增强小镇品牌效应。

（3）功能多元：促进三产融合，完善现代农业产业体系

为进一步扩大农业小镇的影响力，以上案例表明，传统农业的发展方式已不能满足时代发展的要求。延伸农副产品生产、乡村旅游休闲等产业环节，将第一产业与第二、三产业融合发展，构建农产品种植、加工、展销、休闲、娱乐等多元功能体系和三产融合的复合型产业体系，才是现代农业产业体系进一步升级的关键。

（4）要素保障：结合集体资产与民间资本，多元保障

在要素方面，三圣花乡为农业小镇提供了很好的经验借鉴。其盘活闲置零散用地的方式，以及资金上不拘泥于政府投入，而是结合集体资产与民间资本来共同发力的多元资金筹措方式等，都为农业小镇的发展提供了要素保障方面的多种灵活处理方式。

（5）区域协同：差异化发展，协同共进

三个案例均表明，区域协同对乡村地区的发展大有裨益。如科茨沃尔德地区把几十个村落串在"浪漫之路"上，纳帕谷小镇分别以八个村落的产业发展构建出"葡萄酒 +"的产业体系来打造乡村文旅小镇集群，三圣花乡则赋予六个行政村不同的功能，将单一乏味的农业种植转变为一系列不停歇的体验式文化旅游活动。农业小镇的发展过程中，也需通过差异化定位，主动融入大区域的发展脉络中，通过构建区域平台与组织，促进区域协同，实现共同发展。

2.3.4　小结

改革开放至今，农业仍是我国经济发展最坚实的基础，尤其是对于承接城乡要素流动的农业小镇来说，现代农业生产、农产品加工、休闲农业都必将发挥重要的作用。在全面实施农业供给侧改革和乡村振兴的大背景下，部分传统农业小镇也将积极响应一号文件等政策导向，推动传统农业进行转型升级，逐渐形成集农业、休闲、生态、消费等功能为一体的各式农业小镇，而这也将成为推动新型城镇化的重要手段。

2.4　重拾乡愁：民俗小镇的文化升级策略[⑭]

2.4.1　无形文化转化为有形产品：民俗小镇的关键所在

上下五千年的文明史，孕育出中华民族源远流长的传统民俗与文化，民俗小镇也因此而生。顾名思义，民俗小镇是指依托当地的物质生产、社会生活、节庆活动等民俗文化的独特吸引力，集乡村田园观光与休闲、民俗产品销售、民族文化展演等功能于一体，通过体验性产品的开发和特色空间的打造，运用商业化模式实现运营和发展的特色小镇[11]。

民俗小镇最大的"特"是其独特的地域民俗文化，民俗类特色小（城）镇的开发和建设就是通过打造一定的民俗文化物质载体，开发系列可消费的产品形式来体现的。如何将这些无形的民俗文化转化为显性的载体和可消费的产品正是民俗小镇的关键所在。

接下来，我们将通过几个案例分别从节事活动、特色美食、文化展演等角度来说明民俗小镇是如何将无形的民俗文化转为可观赏、可触摸、可品尝、可体验、可游乐的文化产品和载体的。

2.4.2　民俗节事 IP 引爆小（城）镇发展——陕西韩城芝川镇

俗话说"好看的皮囊千篇一律，有趣的灵魂万里挑一"，这一"至理名言"将"有趣的灵魂"推至交朋友、找对象、自我提升、选看节目等诸多领域的首要原则。"奇葩说"这个节目能够在近年来走红，其中一个关键的因素就在于其集聚了一群具有奇葩特质（即有趣灵魂）的人。"奇葩们"通过节目为公众带来启发的同时，还带来了更多的娱乐与欢笑，而非刻板与沉重。

推及民俗小镇这一文旅小镇类型的空间，"有趣的灵魂"可谓其发展的关键。那么民俗小镇"有趣的灵魂"在哪里呢？对于游客来说，来到一个民俗小镇，最期待、最想体验的应该莫过于其最具特色的节事活动了。通过参与节事，游客们将体会到深深的代入感，感受到原汁原味的小镇"灵魂"。而在这方面，陕西省芝川镇可以说是巧用民俗节事 IP 引爆小镇发展的一个成功案例。

芝川镇是陕西韩城市的一个古镇，距市中心 10 km，是韩城市南部的政治、经济、文化和交通中心。芝川镇具有 2700 年历史，是一个多元文化交融的小镇，具有如黄河文化、关中文化、史记文化及少梁文化等特色文化。历史上，芝川镇每年九月十三至十五都会举行庙会唱大戏。届时，周边乡里的男女老少都汇聚于此。小镇的各街众铺都车水马龙，好不热闹。于是在其小镇的开发建设中，芝川镇抓住了这个点，以城隍庙的古戏台为载体，每年邀请戏班子打造"三天三夜唱大戏"的特色品牌 IP。

看戏之外，小镇还提供了诸多丰富的活动以供游客体验。深度结合当地饮食习惯及民俗特点，小镇在芝川戏台西侧开发了一条水街，沿街布局各式关中主题餐饮，载着各类果蔬的船儿也来此叫卖⑮，构成北方地区难得的一道靓丽水景线。水街以"前店后厂"的布局形式将特有的关中油坊、布坊、醋坊、辣子坊、豆腐坊、茶坊、面坊、醪糟坊、药坊等手工食品作坊打造成民俗特色美食⑯，形成一条极具特色的民俗节庆主街区，使游客在食用美食、体验手工的同时，了解芝川特色，读懂芝川文化。除了水街这一主街区可以使游客了解芝川文化外，小镇中的五街七十二巷与牌楼，也可以使人们感受到极富芝川民俗特色的小镇风情。

由此，芝川镇通过挖掘唱大戏的特色民俗，打造"三天三夜唱大戏"品牌IP，并将戏曲特色与周边饭店、茶馆等商业设施相结合，形成看戏、喝茶、吃饭、购物、休闲等一条龙服务体系。再借力唱大戏的民俗节事IP，芝川镇引燃了小（城）镇的旅游热情，也丰富了游客的体验感受，带动了小（城）镇的整体发展。

2.4.3 民俗美食 IP 塑造区域品牌——陕西咸阳袁家村

除了节事活动，体验一个地区民俗文化最简单的方式莫过于品尝当地美食了。特色美食街经常成为游客，尤其是"吃货"们的打卡圣地。作为美食体验的小镇开发模式典范——袁家村是一个不得不提的案例。

袁家村虽然地处文化重地，但是本身没有什么十分突出的旅游资源。作为一个地地道道的关中自然村，袁家村确实很难和底蕴深厚的秦唐文化产生什么直接的关系。然而，袁家村在选择主题时另辟蹊径，通过挖掘关中特色美食，袁家村打造出民俗美食IP。不仅开发出网罗全国各地小吃的祠堂街，还打造了浓缩西安美食的小型回民街。袁家村瞬时间成为了民俗旅游中的一个"网红"级小镇。在民俗美食IP的打造之路上，袁家村有着自己的独特之处。

首先，袁家村对全部商户免收租金，并实施严格的准入和考核标准。自开发之初至今，袁家村没收取过任何一家商户的房租或提成，但商户进园必需满足小镇自己制定的特色餐饮考核标准，囊括食材、口味、食品安全、经营等各方面，商户入园之后也会定期进行考查。值得注意的是，袁家村对美食商户的选择并非随意而为，而是致力于打造高品质的关中民俗美食博物馆。就这样，因为免租及严格的准入标准，袁家村集聚了一大批优秀的来自本地与外省的品质商家。

其次，袁家村对游客免收门票。袁家村以全天候免费开放的姿态来迎接天下客，游客可以选择任何空闲时间前去游玩。因为"开放"与"免费"，袁家村迅速集聚了庞大的客流量和交易量⑰。

此外，在民俗美食的开发基础上，袁家村又拓展出多个业态。一方面，关中小吃街的客源带动了休闲度假业态的发展。关中民宿、祠堂街、回民街、酒吧街依次建成，吸引了来自全国各地不同年龄、不同职业的游客前来休闲消费。另一方面，由于当地小吃的畅销，袁家村对食品原材料的需求日益增加，这大大带动了周边农副产品加工业的发展。如袁家村最出名的酸奶，就带动了周边奶牛养殖、酸奶加工等产业的崛起，如今这里的一个酸奶厂年利润就超千万。

深入分析可见，与人们普遍认知中先发展第一产业，后逐渐形成第二、第三产业的思路不同，袁家村反而先从第三产业开始，以区域民俗美食 IP 作为核心吸引力，将关中民俗的传统文化与现代旅游业相结合，打造出特色关中美食，然后逐渐完善第二、第一产业的产业链。这种反向思维，为其他民俗小（城）镇的发展带来了新的启发。

2.4.4 民俗体验 IP 带动传统村落——韩国龙仁民俗村

对于民俗类小（城）镇，除了参加节事、品尝美食，其他的参与和游览方式应该当属文化体验了（图 2-13）。在这方面，京畿道龙仁市的韩国民俗村可谓是全球知名的民俗文化体验胜地了。

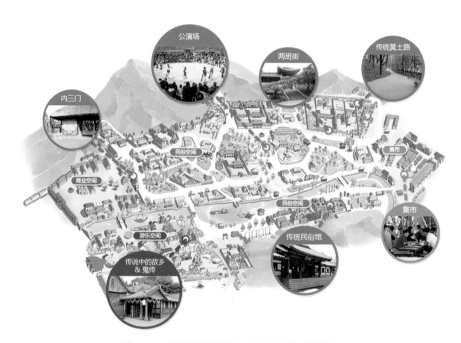

图 2-13 韩国民俗村的空间布局及项目设置

一年四季，这里来自世界各地的游人络绎不绝。此外，这里还是韩国的"好莱坞"与韩国的"横店"。很多风靡亚洲的韩剧均在此取景拍摄，例如《大长今》《来自星星的你》《成均馆绯闻》等潮流热剧。那么，我们不禁要问到底是什么让这里吸引了如此多的游人与剧组呢？深入分析后不难发现，原来这里的民俗村不仅完全再现了李朝后期不同阶层人民的文化和生活，而且它对韩国民俗文化的完美展现和全方位体验也是成功的关键。

首先，韩国民俗村拥有大量的传统建筑（图2-14）。村内移建和修复了来自韩国各地的现存或已消失的古建筑，包括政府官衙、书院和书堂、贵族府宅与平民住房、韩药房、铁匠铺、年糕店、寺庙等，涉及政府、教育、住宅、医疗、商业、宗教等诸多方面。这些传统民居为游客集中展示了韩国不同地区的建筑特色，通过实实在在的建筑实体诉说着朝鲜时代各层民众的悲欢离合。

图2-14　各具特色的传统建筑

其次，民俗村里有各式民俗文化展览馆，囊括传统民俗馆、世界民俗馆、假面舞展览馆、陶器展览馆等多种专题类展馆。这些展览馆通过对陶瓷、箕、竹筐、木器、韩纸、铜器、绣花、纸伞、乐器、装饰品等韩国传统器物的真实展示与场景搭建，使游客更加直观地了解到古时人民的生活方式，使游客对韩国传统民俗文化有了深切的感受。

而最为吸引人的是，韩国民俗村发掘出诸多可触摸、可消费的文化产品，以及可观览、可体验的文化活动和项目。在这里，游客可以尽情体验趣味十足的韩国民俗文化。

村里设置了不同的体验区，如生活场景体验、衙门风景体验、民俗游乐体验、传统工艺体验、冠婚丧祭体验等。让游客通过亲身体验，来感受韩国传统文化的魅力。每逢节假日，村内还安排了可以让人彻底放松的民俗游戏，例如打陀螺、跳板、荡秋千等。其中，尤为热闹的就是 5 月份的 "Welcome to 朝鲜" 活动，届时满村人身着韩服，举办各式活动，让人恍若穿越时空。此外，村里还有传统的集市街，街上设有各类商铺。在这里不仅可以品尝到麻糬、蒸饼、年糕、米酒等传统美食，购买到陶瓷、韩服等本地特色产品，还可以找到心仪已久的韩剧海报、折扇等韩剧衍生类商品。运气好的话，说不定还会偶遇剧里的各位主角呢。

保留完好的传统建筑，逼真的文化展览，加上知名影视剧的取景拍摄，尤其是诸多可体验的多元丰富的文化活动和项目，使得韩国民俗村重现了昔日的繁荣和发展。

2.4.5　小结

通过以上三个经典案例，可以看出对于经常处于区域同质激烈竞争中的民俗小镇，若想脱颖而出，最好的方式就是以民俗文化塑造特色民俗 IP。首先要在深度发掘小镇民俗文化的基础上，寻找到一个核心特征，如上所及的节事 IP、美食 IP、体验 IP 等，然后再做到人无我有，人有我优，人优我新，才能成为无法复制的民俗小镇。同时，作为地方特色文化的展示窗口，这些民俗小镇在宣传自身特色的同时，又对传统民俗文化进行了传承，可谓一举多得。

2.5　神奇密码：文旅小镇产业升级解锁[⑱]

曾有人说 "所谓旅游，就是从自己呆腻的地方去看别人呆腻的地方"。旅游若想做成功，首先要有不同于其他地方的独特之处，否则，游客就没必要千里迢迢跑到一个和自己城市毫无差别的地方了。因此，在文旅小镇的升级过程中首先也需要对区域内独特的自然、文化资源进行深度挖掘。明确总体方向和目标客群，再针对特定客群的消费诉求，将独特资源产品化，转化为可消费、可体验的旅游产品和节事活动。通过品质空间的打造，让这些产品和活动在此聚集，以使游客获得不一样的感观体验。在这方面，法国南部的尼斯为我们提供了一个很好的范本。

尼斯是法国地中海沿岸的一个市镇，它不仅保留了古罗马文化特色和地中海风情，而且巧妙、和谐地将历史遗迹与现代城市的发展相融合。在一个极小的空间内最大化地聚集了诸多高等级高品质的文化和旅游要素，最终成为世界著名的文化旅游目的地，创造了一个每年游客量超出自身常住人口数量 150 倍的海滨度假奇迹。我们不妨以一个规划师的身份，走读这个小镇并找出它保持持久魅力的 "神奇密码"。

2.5.1　神奇密码一：无形又无处不在的法式文艺

尼斯小镇的最大特色就是法式文艺和浪漫。例如地处地中海沿岸的英国滨海大道，仅一条道路就能成为游客打卡必到之地。从街道、公共空间的设计，到休闲漫步、观看展演的社会活动，英国滨海大道无一不流露出浓浓的法式文艺范儿（图2-15）。

图2-15　英国滨海大道

在尼斯，能在英国滨海大道信步漫游简直是一种莫大的精神享受。宽大的步行街种植着一棵棵高大的椰子树，刺眼的阳光因此变得更为柔和。大道的围栏下方几米是鹅卵石铺就的宽广而透亮的"下沉海滩"，石滩上是尽情享受日光浴的游客和市民。滨海大道上一个个自成一体的艺术表演，也是漫步者要不停赶场的精彩节目。无论是钢琴艺术家的倾情演奏、油画家的静态表演，还是各类杂技与魔术，英国滨海大道从不限制创意和叫好声。

阿兰·B.雅各布斯在其代表作《伟大的街道》中曾指出："街道是一种人们不在室内时可以停留的户外环境。城市之所以存在，在很大程度上是因为社交，而街道便是非常主要的社交场所。但当你身处私家车之中，是不能够遇见其他人的；即使是在公共交通上也很少会遇到熟人。只有当步行时，每一个路人的面孔变得更为清晰，才能更大程度地融入城市环境中，与建筑、自然、人群进行更为亲密的交流"[12]。可见，优秀的街道不仅要保障通行，还要为行人提供舒适的物质条件，正如尼斯的英国滨海大道。

以滨海大道两边的椰子树为例。这些椰子树可不止制造氧气那么简单，它们有着多重用途：一是将步行道与机动车道隔绝开，形成若隐若现的、透明的安全屏障；二是时时摆动翻转的椰子树在视觉上能不断切割对面的建筑物和光线，这样行走的眼球们就总是有事可干，可以不断接收来自不同界面的信息；三是椰子树和蓝色围杆将海岸切割成多层次的空间，划分出海滩、步行道、车行道，为行人创造不同的社会交往空间和视听感受。这无处不在、浓浓的法式文艺范儿也只有尼斯能做到了。

此外，英国滨海大道还通过充满人气和文艺范儿的公共空间、优秀的建筑设计和高品质的硬件设施，为人们提供便利的交通出行空间和设施之余，还大大满足了人类对社会交往的需求。

2.5.2 神奇密码二："自由"生长"的城市肌理

尼斯的英国滨海大道法式文艺范十足，老城区的古城体验也是不容错过的。一旦步入尼斯的老城区，弯弯曲曲的羊肠小巷、异域风情十足的沿街界面、满载年代感的历史遗迹和城市遗产……浓浓的罗马文化与地中海异域风情立刻就扑面而来。

穿梭于老城区一条一条的羊肠小巷中，将会是一场有关迷失的冒险游戏。各类意大利风情的小体量围合建筑群歪歪扭扭地凑在一起，留下一条条的羊肠小巷。这些小巷的开端通常是一个喇叭口形的膨大街口，这种形状的构造有利于吸引大量的游客前来一探究竟。每条小巷的街道长度并不算长，但漫步其中，又不会感觉到它很短，因为它的曲线形状以及越向中央越窄的趋势会使过路者在街道的一端看不到它的尽头，大大增加了小巷的神秘感。而且，街道本身并不会告诉你它将通往何方，但立身其中却又不由自主地会被它指引，这种指引甚至比地面建筑物对行人的引导作用还要强烈。

而且，老城区充满细节的沿街立面还会带给人满满的元气。虽然每栋建筑的立面从建筑学的角度来讲，貌似单调普通，但是它们却有着无比丰富的细节：百叶窗、门窗框、霓虹灯、水管、门牌号、盆栽……阳光洒在这些"凹凸不平"的表面上，会给狭窄的街面带来丰富、立体和绚烂的光影效果。值得注意的是，在尼斯的老城更新中，临街底层的商业界面被大大强化的同时，上层住宅的居住功能也将继续保存。这也意味着持续不断的客流量与相对稳定的住房供应量，而这些流量正是保持老城活力的关键所在（图2-16）。

图2-16　尼斯老城街道

此外，老城区可谓是神秘的"城市历史建筑博物馆"。虽然历经多次发展动荡和政权更迭，现在的尼斯老城仍保留下了几个世纪以来的历史遗迹、罗马特色文化与地中海异域风情。之所以能保留得这么完整，主要得益于其严格的政策和极具前瞻性的城市遗产保护理念。在老城区逐渐萧条的情况下，1969年尼斯老城被裁定为"保护地段"。1993年，在老城即将衰落的紧要关头，政府颁布实施了老城《保护与发展规划》（PSMV），强调了尊重历史和现状，重点改造沿街界面，从多学科的角度控制老城改造与发展，并以居住功能为主，从基础设施建设着手，开始提升老城区的居住舒适度。1997年，政府对老城的保护政策一步一步细化，甚至精细到对每栋建筑的形态、色彩和建筑材料都做出了细节上的要求……就这样，老城区有意或无意生长出的自然城市肌理，无论是行人的视觉感受还是亲身体会，都营造出一种神秘的氛围。更为难得的是，这种一脉相承的历史神秘感在层层法规的保护下被较为完整地保留下来，形成了尼斯古色古香的"城市历史建筑博物馆"。

2.5.3　神奇密码三：无处不在的小广场

除了法式文艺范和自由生长的城市肌理之外，穿梭在尼斯的老城中，条条道路相会留下的小节点也为游客和居民提供了诸多各不相同的休闲娱乐的公共空间。游走于老城区，视线被一条条小巷和无数的建筑物层层切割之后，突然出现的这些小广场又为一双双好奇的眼睛带来一种"那人却在灯火阑珊处"的开阔感。因此，探索老城那些小而精致的广场，就像是舞台剧中层出不穷的小高潮，让人流连忘返。

波诺夫曾在《人与空间》一书中这样定义广场："广场始终是被限定了的由人创造并为其目的而设立的空间。"这一描述既肯定了空间形态意义上的广场，也强调了广场的设置要以人的需求为出发点。如此看来，广场既具有建筑学的意义，更具有社会学的意义。前者通过构建空间，为后者的发生提供物质条件，以满足人类对社会交往的需求。因此，关注人的行为特征与实际需求是构建广场空间的出发点所在。

基于"以人为本"的角度，有研究认为，空间可以通过"占领"和"围合"所获得（图2-17）。靠"占领"所获得的空间，通过广场中央的实体要素形成一个由内向外、逐渐减弱的引力场，这时的空间对人的吸引力会随着到中央距离的增大而减弱；而靠"围合"所形成的空间，因外围的实体要素限定了空间的边界，且朝向空间的内部中心，这时的空间则有着强烈的内向性[13]。通过这种方式形成的空间围合感较强，人们易从这种明确的空间范围中获得安全感和稳定感，因此，围合空间是行人愿意驻足、休息的场所。

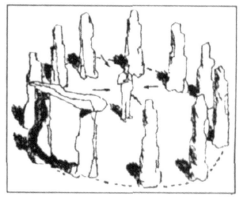

图 2-17 占领空间与围合空间

而对于围合空间，一般而言，边围的高度是决定空间围合度最重要的因素。在一定范围内，边围越高，围合性越好。同济大学蔡永洁教授曾指出，边围高度与基面深度的比例范围应在 1∶2（视角 27 度）与 1∶3（视角 18 度）之间。此时的高度既有较强的围合感，却又不过分封闭。具体到尼斯的这些小广场，尽管面积小巧，却均采用了宜人的围合程度，并且注重广场本身的功能性与周边建筑物的协调感，再进一步通过沿街的餐饮店聚集人群，从而点燃了广场的内部活力。

除了宜人的围合度，尼斯老城每个小广场的中央往往会安置一个许愿池或是一个古希腊人的雕塑。在人们的意识中，雕塑通常是设计师运用不同的形体与材料来表达设计意图与思想的一种方法。成功的雕塑作品不仅可以用它本身的形与色构成空间设计中的重要因素，同时也可为周边的人文环境带来强大的感染力与共鸣。

图 2-18 尼斯老城广场上的雕像

雕塑在不同的时代承担着不同的要求与使命。起初的雕塑多为某些严肃主题的、有纪念意义的、纯装饰性的、纯宗教性的或是纯艺术性的作品。后来，随着抽象雕塑逐渐占据主导，人们开始利用自己的理解和想象力去解读雕塑背后的意义。"占领"尼斯小广场的雕塑即是如此，这些雕塑不仅是过路人在小巷中穿行的指南针，发挥了标志物的导航作用，而且还起到了画龙点睛的作用，无时无刻不在提醒路人这座小城与古罗马帝国、意大利风情的藕断丝连（图 2-18）。

2.5.4　神奇密码四：精致的色彩管理

说了这么多，无论是地中海沿岸的英国滨海大道，还是老城区的城市肌理，抑或是无处不在的小广场，人们进入一个地方首先映入眼帘的就是它的色彩。

城市色彩广义上是指城市所呈现色彩现象的总和，包括自然景观、建筑物、公共设施、流动的色彩等；狭义上单指建筑的本体色彩[14]。作为城市的"第一视觉"，建筑的色彩总是最直接和最有冲击力的城市意象。第一，建筑的色彩装饰了城市。通过色彩的装饰，建筑既可以和谐地与周边自然、建筑环境融合在一起，也可以成功地"跳脱"出来，彰显建筑物的个性。第二，建筑的色彩充当了标识。色彩就像建筑物每天的固定穿搭，人们从远处便可通过色彩辨认出自己熟悉的建筑。而且，根据色彩不仅可以区分单体建筑，也可划分不同的功能分区。第三，建筑的色彩传达了情感。一个小镇的建筑色彩具有高度的自主决定权，它在一定程度上反映了人们的某些生理或心理需求。例如，居住区多采用色彩明亮且柔和的暖色调，以创造舒适的居住环境；商业区的建筑色彩多醒目鲜艳，力求通过刺激人们的视觉，达到吸引和增加消费的目的；办公区则多用中性或偏冷的色调，以营造出理智冷静的办公氛围。

回到尼斯，身处最早开始重视色彩规划的国家——法国，其遵循了国家较为完善的色彩标准，制定了城市色彩规划，使其老城的修复和新城的建设都大为增色。

首先，从全城来看，尼斯继承了大多数欧洲南部海滨城市的特点，采用了砖红色调的楼顶，与饱和蓝色的大海形成鲜明、强烈的对比。结合建筑群所处的地理环境和所具备的自然条件，其用代表喜庆、热情的红色去点燃一片代表沉静、凉爽、自由的蓝色，无论是在视觉上还是心理感受上都给人以剧烈的冲撞，给人留下"半是蔚蓝，半是火焰"的印象，充分突出了这所海滨小城的绚烂风采。

其次，从建筑来看，砖红色的房顶、明黄色的墙面、淡绿色的窗框，是尼斯老城区建筑的标配。结合焦燕在《城市建筑色彩的表现与规划》中鉴别的色彩联想与其背后的象征意义（表2-4），在以居住功能为主的尼斯老城区，设计者们用浅黄色粉刷了无数的墙面，以维持明快、宜人的居住环境，用淡绿色的百叶窗装点墙面，以试图抚慰身在繁华区人们的浮躁心情[15]。

表2-4　色彩的联想与其背后的象征意义

色彩	联想	象征
蓝	海洋、天空、湖泊、远山	沉静、凉爽、忧郁、理性、自由
红	血液、太阳、火焰、心脏	热情、危险、喜庆、爆发、反抗
黄	香蕉、黄金、菊花、提醒信号	明快、光明、注意、不安、野心
绿	树叶、植物、公园、安全信号	和平、理想、成长、希望、安全

最后，从地标来看，尼斯对于整体色调的运用也十分大胆、鲜明、跳脱，例如马塞纳广场的色彩。黑白色的棋盘式瓷砖铺满地面，粉红色与黄色相间的建筑将其包裹其中。广场中运用的每一种色彩都在彰显着马塞纳广场对于尼斯心脏般的重要性。通过丰富的色彩运用，尼斯在传达特色文化的同时，也避免了"千城一面"的呆板印象。

2.5.5 小结

以上，我们分别从滨海大道无处不在的文艺范儿，以及老城区的城市肌理、广场的设计和恰如其分的色彩运用等方面，解读了法国尼斯小城的独特魅力。这些建筑细节和整体氛围上的变化，对于如今我国出现的千篇一律、了无生趣、动辄房地产化的文旅小镇来说，无疑是一剂转型升级的良方。

2.6 雕刻时光：影视小镇的产业模式大解密[19]

与国外已相对成熟的影视小镇不同，国内的影视小镇目前随着特色小镇的热潮才刚刚兴起，如山西的乔家大院，湖南的芙蓉镇等。当然，也有不局限于单一作品而作为影视剧拍摄基地的小（城）镇，如浙江的横店影视城，宁夏的西部影视城，以及无锡的三国影视城、宁波的象山影视城等。

由于方方面面的原因，国内这些影视小镇或景区/点的功能大多尚停留在"来此一游"的层面，距离真正的"产业特而强、功能聚而合、形态小而美、机制新而活"的特色小（城）镇要求还相差甚远。那么，国内这些影视小镇后续该选择什么样的发展模式和升级路径，才能实现健康持久的发展呢？接下来，我们将去看看日本、韩国的影视小镇，去探索和总结这些影视小镇有哪些可供借鉴的发展模式和路径。

2.6.1 影视产业知多少

在正式探讨影视小镇之前，我们有必要先来界定一下影视产业和影视小镇。首先是影视产业，虽然影视产业在各国所属的产业门类和细分各不相同，但是按照我国行业分类标准，影视产业隶属于R门类的"文化、体育和娱乐业"[20]。而说起影视产业，仍不得不提到近几年国内影视圈炙手可热的词——IP，众多制片人、导演们简直是言必称IP，正如体育界有众星云集的IP——NBA，旅游界有人山人海的主题乐园IP——迪士尼，影视界也有风靡全球的IP——指环王等。

围绕影视IP，影视产业根据其产品类型大致可以分为三个圈层（图2-19）。首先，核心圈层是版权，也就是IP本身。它可以是已有的经典文学，原创的网络小说或动漫、游戏，也可以是为影视剧拍摄而撰写的原创剧本，这一圈层是其他圈层产品发展的基础和来源。其次，中间圈层是影视剧，是影视产业最传统的组成部分。以电视台的播放、院线收入、演出活动、网络点击率等形式盈利。最后，外围圈层是衍生品，主要包括两类产品：第一类是衍生产品，包括实体周边消费品、主题旅游、实景娱乐等；第二类是相关产品，包括影视作品衍生的游戏、软件，动漫作品衍生的影视剧等。从本质上来说，影视 IP 是文艺影视作品衍生的价值，是一种潜在的财产。

而影视特色小（城）镇，从某种意义上来说，正是影视 IP 的一种主要表现形式，同时也是影视 IP 众多产品的主要载体。它可以包含上述三个圈层的产品，而这，也正是影视小镇功能聚而合的理论基础。

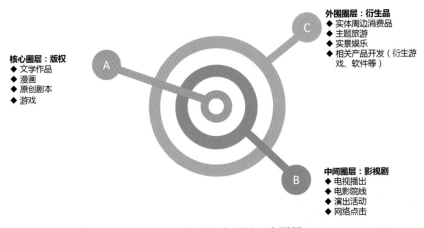

图 2-19　影视产业产品的三个圈层

2.6.2　如何玩转影视特色小（城）镇

了解了影视产业和影视小镇的概念后，我们来看看对于目前国内大部分刚刚起步的影视小镇该如何放眼全球，寻求成功经验。综合来看，日本的动漫和韩国的韩剧可以说是玩转影视 IP 最成功的代表。他们衍生发展出来的特色主题小（城）镇，每天都吸引着无数的爱好者来朝圣（消费），将作为本底的影视作品价值发挥得淋漓尽致。所以现在无论你是规划师、小（城）镇管理者、影视工作者、动漫爱好者、韩剧迷抑或是吃瓜群众，都请跟我一起来看看日本人和韩国人究竟是如何玩转影视小镇的吧！

1）日本——动漫 IP 主题小镇

日本是世界上最大的动漫产业创作和产品输出国。我国大部分 80 后、90 后基本上都是看着日本动漫长大的，哆啦 A 梦、柯南、小丸子、灌篮高手、蜡笔小新、美少女战士等等，简直如数家珍。有多少粉丝到现在还在家里储藏室堆着小时候的全套哆啦A梦漫画书和影碟舍不得扔。发达的动漫产业链和广泛的受众，使日本催生了一批以著名动漫IP为主题的动漫小镇。他们通常依托动漫作者或作品带来的人文资源优势和当地政府的政策支持来获得发展，其中最有代表性的莫过于位于鸟取县北荣町的"柯南小镇"了。

"柯南小镇"原本是一座普通的沿海农业小镇，以西瓜种植和海水养殖为主。由于它是柯南之父青山刚昌的家乡，因此北荣町政府决定借助大IP——《名侦探柯南》的影响力在当地发展主题旅游业。回过头来看，这无疑是当时最正确的决定。

首先，柯南小镇提前就展开"来势汹汹"的城市形象宣传，从某种程度上中和了游客们长途旅行的疲惫。从最近的大都市大阪到柯南小镇，单程要三个小时以上。为减缓长途旅行给游客带来的负效应，当地政府在最后半个小时车程上动起了脑筋，他们在小镇附近的仓吉设置了"柯南专线"。游客有机会在这里进行转车，采取乘坐"柯南专线"列车的方式来到小镇，提前感知小镇的文化和氛围，可谓是"未至其镇，先见其形"。车站的候车厅、指示牌全部是柯南的标识，就连车站的楼梯上也写着"欢迎来到柯南车站"。最绝的是，就连北荣町所在的鸟取县机场，也在2014年改名叫做"柯南机场"。政府的这些小心思完全足以让柯南迷们从刚起飞就开始兴奋呢（图2-20）！

图2-20　柯南列车

其次，北荣町将柯南形象见缝插针地融入小镇的一切城市元素中。他们给镇区的主干道命名"柯南大道"，小镇的所有路标、青铜像、石碑、指示牌、路灯、长椅，甚至连井盖都是柯南形象（图 2-21）。通往镇区的大桥叫"柯南大桥"，桥上栩栩如生的柯南铜像据说是在青山刚昌的监督下完工的。为了小镇的形象宣传，当地政府真可谓煞费苦心！

图 2-21　小镇中无处不在的柯南形象

　　然后，作为影视剧柯南之父青山刚昌的家乡，北荣町的主打产品还包括一个集展示、体验、销售等功能为一体的大型"青山刚昌故乡馆"。通过对众多日本同类型动漫小镇的案例研究，我们发现这些小（城）镇有一个共同点就是：他们的基于影视剧而开发的文化旅游产品都是围绕一座大型综合性公共建筑来展开。虽然表现形式有所不同，有的是博物馆，有的是纪念馆，有的是综合商场内的展示馆等，但是其主要功能基本都包括：展览展示、影片放映、主题活动表演、互动体验、纪念品零售、餐饮等。而柯南小镇中"青山刚昌故乡馆"的互动功能则很有代入感和针对性，在这里，"柯南迷"们可以挑战"纪念馆大师赛"，并根据赛事结果得到不同等级的认证，还可以身临其境地体验青山刚昌创作漫画时的场景，可以近距离观看木偶剧，并可以亲身使用滑板、蝴蝶结变声机等动漫中的道具等等，体验诸多有意思的活动[21]。

　　最后，由于日本动漫的广泛影响力，柯南小镇的衍生产品一向很畅销，这也带动了其他动漫小镇的发展。加之它们的动漫衍生品质量过硬、形式多样，价格又很适当，如此高附加值的产品，在不同年龄段、不同国籍和文化背景的人群中都广受欢迎。因此，在日本，任何一个动漫 IP 的走红，后续几乎都离不开其衍生品的大卖。而日本商家在这方面又很有一套，今天推一个收集活动，明天推一个限量版，看着动漫迷们像我国群众春节集"五福"一般对动漫衍生品趋之若鹜，商家们则得意洋洋地大数着钞票。柯南小镇的衍生品走的也是这种路线,小镇的旅游商业几乎完全围绕柯南这个主题。诸如这里的书店和纪念品店售卖的都是别的地方买不到的单本以及各种限定版,这些衍生品都大受来朝圣的"柯南迷"们喜爱,甚至不把信用卡刷爆了回去都没脸见粉圈的小伙伴们。

从 20 世纪 90 年代发展柯南主题旅游以来,北荣町从一座名不见经传的农业小镇一跃成为全世界"柯南迷"的朝圣之地,小镇的经济和居民的生活品质也因此得到了巨大的提升。当地居民都以柯南为荣,柯南的形象甚至被印到了居民的户口本和居民卡上!实际上,在日本,这类具有动漫影视主题 IP 的小(城)镇还有不少,例如小丸子小镇、宫崎骏小镇、哆啦 A 梦小镇等等,模式都比较类似。这些小(城)镇的成功无一例外都首先得益于动漫影视剧 IP 本身的影响力。反过来,这些小(城)镇的发展也成为动漫影视剧 IP 不断强化的助推剂。

2)韩国——韩剧 IP 文旅小镇

说完了日本,我们来看看韩国。从 20 年前的小民哥、尹理事、单眼皮大叔,到近年风靡的都教授、柳大尉、长腿欧巴,韩剧 IP 可不单纯是盛产"老公"的休闲娱乐产业。作为"韩流"文化的主要输出者和韩国文化旅游业的总代言人,韩国的影视产业是与其经济命脉息息相关并享受着政府诸多扶持政策的国民产业[20]。还记得 20 世纪 90 年代末风靡一时,由张东健主演的《恋风恋歌》吗?它就是为了促进济州岛的旅游业而专门策划拍摄的。

1998 年亚洲金融危机之后,韩国首次明确"文化立国"的国策,陆续修改了影视文化的相关立法,并设立了专门的文化产业促进机构——韩国文化产业振兴院,在政策、资金等各方面对影视产业进行全面扶持。"韩剧旅游"在政府政策的大力扶持下也逐渐兴起,在这个自然旅游资源并不丰富的国家,一个个原本经济发展和区位条件都平凡无奇的韩国小镇,作为热门影视 IP 的拍摄地,反而吸引着来自亚洲各国的众多韩剧迷,为政府带来了可观的旅游收入。

除了政府扶持,韩国影视小镇的发展也得益于影视产业的上下游企业及本国主要工业财团(如三星、LG 等大财团)的投资和支持[20]。在此背景下,一部分韩剧小镇从开发之初的投资环节,就开始为后期的旅游业开发及衍生品的设计做足了准备,例如小法兰西(Petite France)。

位于韩国京畿道的小法兰西,背靠虎鸣山,面朝清平湖,是一个以"花、星星、小王子"为核心卖点的法国文化主题小镇。2008 年,小镇因张根硕主演的韩剧《贝多芬病毒》在此拍摄而闻名,旅游业也由此兴起。随后,《秘密花园》《来自星星的你》等当时热播韩剧,以及《跑男》(Running Man)、《至亲笔记》等热播综艺也纷纷扎堆在小镇取景,这更加提升了小(城)镇的知名度和人气(图 2-22)[20]。

图 2-22　京畿道小法兰西

小法兰西小镇还会借力人气综艺推动小镇旅游，以《跑男》为例，节目开播于 2010 年，当年已斩获第 4 届 SBS 演艺大赏"最高人气节目赏"等四项大奖，2011 年小法兰西借势将节目吸引至本地取景拍摄。借节目的超高人气，小镇因此取得了显著的宣传和推广效果。2014 年火遍亚洲的《来自星星的你》更是将小法兰西的旅游业推向了高潮[20]。在火爆的旅游热潮下，这些韩剧和综艺节目的剧照，以及供拍照的人形板被放置在小镇最显眼的位置，部分拍摄场景还成为小镇的热门景点，并在官网进行品牌宣传。

与此同时，小镇还有着特色鲜明的建筑、亲切的街道尺度、精美的法国工艺品展示、多元丰富的体验活动和趣味表演，再加上韩剧俊男靓女浪漫氛围的加持，小法兰西已成为韩剧旅游的热门"打卡地"，在京畿道最受欢迎景点中名列前茅[21]。

京畿道的另一个特色小镇——普罗旺斯村同样因为《来自星星的你》而走红，它也是《原来是美男啊》《城市猎人》《屋塔房王世子》等多部韩剧的拍摄地，发展路径与小法兰西类似[22]。借力韩剧的影响力，小法兰西、普罗旺斯村，再加上《冬季恋歌》的拍摄地南怡岛，形成首尔周边最经典的一条韩剧旅游线路，并有多趟观光巴士专线往返其间，成为各大旅行社的热卖产品，也为当地政府和居民带来了不菲的收入。

2.6.3　影视特色小镇发展模式大解密

结合以上案例可以看出，无论是日本的动漫 IP 主题小镇，还是韩国的韩剧 IP 主题小镇，都已形成相对成熟的发展模式。虽然二者的发展各具特色，但对于我国影视小镇的发展，这些成功案例都为我们提供了可行的模式与路径参考。

1）影视小镇首先要成为影视相关衍生品的集合与载体

影视作品只有通过开发系列可消费的衍生品和可体验的活动，才可实现作品价值的变现，而小（城）镇则为其提供了所有衍生品的承载和展示空间。例如日本动漫，按照前文我们提到的影视产业三个圈层，其产业链包括：核心圈层的版权（漫画作品）、中间圈层的影视剧（动画作品），以及外围圈层的衍生产品，并依次递进。其中，衍生产品是周期最长、市场最广、盈利最高的环节，也是其实现利润回收的关键环节。而动漫主题小镇本身就是一种兼具各种消费模式的复合衍生品，同时也是诸多动漫衍生品的集合与空间载体。动漫主题小镇的发展，不仅可以带动当地旅游业的发展，实现动漫影视作品的价值变现，还能促进动漫影视 IP 的深度挖掘以及新动漫产品的延续开发，并据此形成效益递进的良性循环[16]（图 2-23）。

图 2-23　日本动漫小镇的发展模式

2）核心影视拍摄不能丢，要文旅联动发展

网红的影视剧使这些影视小镇一夜成名，若要维持小（城）镇的热度，则需持续不断的创新，并要坚持"影视拍摄"与"影视旅游"两条腿走路。从以上分析可以看出，相比于日本动漫 IP 小镇，韩剧 IP 小镇最大的不同是它们不仅是韩剧拍摄地，还是韩剧的旅游观光地，这个双重身份使得韩剧 IP 小镇成为影视产业中间和外围两个圈层产品的承载者。除了早期部分无心插柳柳成荫的小（城）镇外，其他大部分韩剧 IP 小（城）镇从发展之初就有着明确的发展目标和相对固定的发展模式。作为头炮，一部韩剧的荧屏火爆不仅为小（城）镇带来了可观的旅游收入，保障了小（城）镇的先期运营和进一步的小（城）镇开发；同时，旅游带来的口碑和知名度，又为更多韩剧或综艺节目在小（城）镇的拍摄提供了市场机会和资金来源，这反过来又进一步开拓了小（城）镇的旅游市场。通过相互作用，最终形成"影视拍摄"与"影视旅游"的良性循环，"文"与"旅"实现联动发展（图 2-24）。

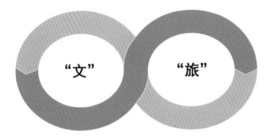

影视拍摄
打响知名度
开拓市场
促进旅游业

"文"   "旅"

影视旅游
带来资金收入
保障运营再开发
提升知名度

图 2-24　韩国影视小镇的"文""旅"联动

2.7　美丽经济：时尚小镇的创新力量初探 ㉓

2.7.1　时尚产业：特色小（城）镇的创新力量

众所周知，法国是世界的时尚之都，时尚产业已经成为巴黎最重要的支柱产业之一。而我们的近邻——韩国，也将韩国时尚产业作为其国家战略大力扶持。以至"韩流"席卷亚洲，甚至世界。一曲《江南Style》让韩国时尚产业在世界有了自己的位置。韩国时尚产业的发展已经与其 IT 产业等成为重要的产业输出、文化输出的渠道。

在我国消费升级的大背景下，时尚产品越来越受到我国消费者的追捧和青睐，时尚产业也在迅猛发展。大家对于时尚的认识和理解也不仅仅停留在过去的穿衣和打扮上，而向着更高层次的时尚消费和时尚体验大步迈进。尽管时尚产业在我国国民经济中的地位越来越重，然而目前时尚产业尚未形成统一的行业划分标准。根据百度百科中有关时尚产业的解释，其内涵非常宽泛。它并不是一个独立的产业门类，而是通过不同的技艺、创意、传播和消费，对各类传统产业的资源和要素进行整合、提升与再组合之后，形成的一种较为独特的产品或商品的运作模式[17]。在西方发达国家里，时尚产业的概念也已经从流行的服装或发型设计行业延伸到了其他众多领域，包括室内设计、化妆品、美食、音乐、娱乐、宗教、礼仪、影视、动漫等等。在产业形式上，时尚产业也跨越了高附加值的先进制造业与现代服务业的产业界线，成为一个多产业集群的组合。

那么针对人们对时尚产品和服务的需求特点，小镇应当如何搭乘时尚产业的快车来促进自身产业创新和升级呢？我们将通过几个案例带领大家分别走近成功的时尚类特色小镇，去看一看它们是如何一步一步发展的。或许，它们也可以为我国打造时尚小镇提供一些可能的借鉴和参考。

2.7.2　香水之都——法国格拉斯的时尚转型之路

正如上文提到的，谈论时尚法国是绝对不能绕过的。曾有人说："世界的浪漫在法国，法国的香氛在格拉斯。"现代香水的发端正是源于 16

世纪法国的格拉斯小镇。

格拉斯坐落于法国东南部海拔 300 m 的山区，常年免于西北风的侵袭。受地中海气候的影响，当地气候温和、水源充沛，非常适合花卉种植。随着欧洲香水工艺的发展，再加上人们对香水需求的不断增加，格拉斯小镇开始大量种植花卉，逐渐发展出花卉种植业。工业革命之后，生产技术的提高又使得小镇的香水制造业也快速发展起来。时至今日，全世界香水出口量的五分之一都来自法国，而格拉斯作为法国香水的第一产地，香水产业已经成为小镇的绝对支柱产业，每年创造超过 6 亿欧元的财富。回顾格拉斯小镇香水产业的发展历程，我们发现它的成功也并非一蹴而就，而是经过了多次产业转型和升级的探索。

1）第一次转型（16 世纪初—17 世纪中叶）：由皮手套产业大转型为香水产业

格拉斯小镇最初成名于皮革业，但是皮手套的制作对环境造成了严重的污染。于是，善于发现商机的法国手工匠人们主动放弃了皮手套产业，转而选择进入了生产过程更环保、附加值更高、市场需求更大的新兴产业——香精和香水产业，以谋求更高的收益。这次产业的大变革，不仅实现了对生态环境的保护，还成为小镇的第一次成功转型。

2）第二次转型（20 世纪中叶至今）：由单一的香水产业衍生出复合型产业体系

小镇的第二次转型发生在大约 20 世纪 50 年代之前，彼时的格拉斯积极融入全球产业链，开始了以绿色农业（鲜花）为基础、时尚类工业（香水）为主导、现代服务业（旅游）为支撑的全新发展模式（图2-25）。在主业——香水制造业的升级方面，小镇在保留传统香水制作工艺（手工采摘鲜花和蒸馏法提炼精油）的同时，为降低手工采摘鲜花的成本，开始实行原材料进口和本地加工的策略。这大大降低了生产成本，提升了利润空间。

图 2-25　格拉斯小镇香水产业的全产业链模式

随着香水产业的不断升级，格拉斯小镇又开始通过建设主题旅游设施，策划主题节庆活动等来扩大小镇的影响力。同时，也使得这个"世界香水之都"常年活力无限。小镇每年还都会举办玫瑰花节和茉莉花节，花香四溢的格拉斯简直让人迷醉。除此之外，小镇的节事活动几乎长年不断、每月都有（表2-5）。节庆活动时会燃放焰火、举办免费派对等各式活动，装饰华丽的花车还会穿过市镇，大量民间音乐团体和街头表演者也会前来即兴演出，小镇的人们彻夜狂欢，直到凌晨才肯散去。

表2-5 格拉斯小镇的月度节庆活动表

月份表	格拉斯节庆活动主题
3月	按摩节、法国芳香疗法展览
4月	健康节、车会、美容沙龙
5月	国际玫瑰展览（始于1971年）
6月	国家音乐节
7月	魅力吉他节、剧院季节
8月	茉莉花节（已有约60年历史）
9月	格拉斯生态节
10月	家畜国际展览会
12月	圣诞节、新年活动

格拉斯小镇还积极挖掘香水的文化内涵。通过建设与香水有关的博物馆及美术馆，向世界各地的来客介绍小镇香水产业的发展历程和特色等，以此来传播香水文化。其中的国际香水博物馆、弗拉戈纳尔美术馆、弗拉戈纳尔香水工厂、普罗旺斯艺术历史博物馆等著名景点，每年都能吸引大批全世界的爱香人士及游客的到来。

2.7.3 音乐之城——奥地利萨尔茨堡的升级之路

如果说香水是一种鼻尖上的时尚，那么音乐则是回荡在耳畔的时尚。提到音乐，我们又怎能错过奥地利？作为欧洲音乐的重要发源地，奥地利当之无愧可以称得上音乐之旅的最佳选择。而位于奥地利西部的萨尔茨堡小镇，由于是音乐天才莫扎特的故乡、《音乐之声》的拍摄地和全球最高水准音乐节的举办地，城中的一切都与音乐息息相关，可谓欧洲最著名的音乐之城。

小镇地理位置非常优越，它地处奥地利与德国交界之处，是阿尔卑斯山脉的门户，到维也纳、慕尼黑、苏黎世等主要城市的交通也十分发达。小镇历史悠久，建筑特色和人文风情都充满着浓浓的艺术气息。因此早在1996年，小镇的老城就已被联合国教科文组织列入了世界文化遗产的名单（图2-26）。

图 2-26　奥地利萨尔茨堡

作为欧洲音乐之城，萨尔茨堡可不仅仅因为它是莫扎特的故乡和《音乐之声》拍摄地那么简单。它能享誉全球与其成熟的音乐时尚产业发展模式不无关系。在当地政府的引导下，萨尔茨堡小镇的音乐产业及衍生出来的相关文艺业已经通过各种形式融入了小镇居民的日常生活和游客的感观及体验中。小镇能够形成一条成熟完备的音乐时尚产业链，有其独特的运营之道。

1）贯穿全年的音乐节事活动

萨尔茨堡音乐产业的主体形式是贯穿全年的大型音乐及相关艺术的节事活动。其中，每年夏天举办的萨尔茨堡音乐节从 1920 年起已经举办了近 100 年。由著名指挥大师卡拉扬亲自领导与指挥的萨尔茨堡音乐节也长达 30 多年之久。可以说，萨尔茨堡音乐节是全世界水准最高、最负盛名的音乐节庆之一。除了萨尔茨堡音乐节，小镇全年几乎每个月都有音乐相关的大型活动。无论在冬天的冰雪中，还是在盛夏的大街上，音乐似乎从未缺席这座小镇（表 2-6）。

表 2-6　萨尔茨堡全年重大节事活动一览表

月份	活动
1—2 月	莫扎特冬季古典艺术周
3—4 月	复活节艺术节
5—6 月	圣灵降临节艺术节、夏季舞台艺术节
7—8 月	萨尔茨堡艺术节
9—10 月	萨尔茨堡文化日、爵士与城市活动
11—12 月	冬日灯光庆典

2）"音乐＋旅游"的产业联动之路

萨尔茨堡的音乐产业也与旅游业息息相关。依山傍水的优越自然环境为萨尔茨堡的旅游业发展提供了坚实的基础，优美的自然环境加上独一无二的音乐底蕴让萨尔茨堡成为旅游胜地，平均每天在萨尔茨堡旅游的人数早已超过了本地的居民人数。当地旅游局将小镇的各类旅游资源整合起来，精心设计了"音乐之旅"的经典旅游路线，还设有专门的

"音乐之旅"大巴。音乐之旅线路中很多地方都是电影的取景地，例如音乐之旅的游客服务中心就在米拉贝尔花园（《音乐之声》拍摄地）。

3）开发与音乐息息相关的衍生产品

除了经典的"音乐之旅"游线外，萨尔茨堡与音乐相关的手工艺品也是丰富而精美。尤其是借助莫扎特的名人效应，在莫扎特当年出生的粮食街（Getreigdgasse）的两侧就布满了各类特色纪念品商店，专门售卖八音盒、木偶戏等当地独有的特色手工艺品。与国内旅游区清一色的义乌小商品不同，这里的手工艺品不仅各具特色，还花样翻新。以莫扎特为元素的各式衍生品也是层出不穷，如莫扎特牌手工巧克力，不仅式样独特，它的美味更是完全不负盛名。因此，这条街道不仅成为游客探访音乐之城的必达之地，就连昔日的古城，如今也已是一派熙熙攘攘的繁荣景象。

2.7.4 袜艺之都——浙江诸暨大唐镇的美丽经济

国外的时尚小镇起步早，发展相对成熟。我们国内其实也是有发展得相对不错的时尚小镇，例如有着"大唐袜机响，天下一双袜"之称的浙江大唐镇。在本章开篇，我们介绍了其产业升级之路，现在我们再来看看它的时尚转型之路。

前文第 2.1.1 小节对大唐镇有过一些介绍，这里不多赘述。大唐镇曾经由于袜子总量占全国市场份额的 70% 和全世界的三分之一，进而成为中国乃至全球最大的袜子生产基地。从 20 世纪 70 年代起步以来，大唐镇凭借低成本、优惠政策等制胜法宝逐渐形成了完整的产业链，并辐射带动周边 17 个乡镇。在区域范围内形成了涵盖袜子机械制造到原材料生产，再到袜子的生产、印染、定型、包装、展销、物流等配套完善的产业链和产业集群。

在国内整体转型升级的大背景下，2014 年大唐镇也开始了转型升级之战。除了对低端产能进行整治之外，当地政府也没有忽略对高端产能的填补。政府通过引进创新创意的高端要素，积极引导袜业与时尚产业相挂钩，开启了一场"袜艺小镇"在时尚界的"百变大咖秀"。

1）第一季：创新研发 + 创意设计，袜子也能很时尚

大唐袜业的成功升级，关键在于其不遗余力地不断创新。大唐"袜艺小镇"的世界袜业设计中心，几乎每天都会推出新款产品[18]。为提升产品附加值，袜企们还开始与国内外时尚大咖和知名时尚品牌们展开合作。例如小镇专注于婴幼儿和儿童袜设计的"童袜王国"，通过与迪士尼、芭比娃娃等国际知名品牌合作，重新进行产品的创意研发和设计，将原来仅几元的袜子甚至卖出了 1500 元的价格，实现了高达 20%—40% 的产品利润率，极大地提高了产品附加值。在大唐镇，像这样通过创意设计和创新加持而获得巨大收益的成功案例层出不穷。同时，大唐镇还

通过诸暨市政府，与中国纺织服装教育学会和 27 家高校合作，共建了创意设计基地，并成功举办中国"大唐杯"袜艺设计大赛等活动，仅首届就收到了来自全国 62 所高校的 3760 件设计作品[18]，这些都为创新的产品设计提供了诸多的素材与灵感。

大唐镇的袜企们通过不断对细分袜子产品的创新研发和创意设计，不仅满足了国内外市场的多元需求，大大提升了产品附加值，同时也提升了大唐袜业的时尚感和品牌美誉度。

2）第二季："袜子 + 旅游"，催生美丽经济

除了加大袜子产品的创新研发和创意设计之外，大唐镇同时也在推进时尚旅游与袜业的联动发展。以"美丽经济"为目标，大唐镇通过改造旧厂房、新建袜业博览中心、袜艺文化体验馆、个性化袜业体验商场、袜业文化中心等主题旅游设施与载体，来促进文化旅游产业的发展。通过文化、旅游等功能的完善，2017 年，大唐镇接待游客达 30 万人次，一举实现了传统袜业制造专业镇向设计、旅游、时尚转型的过程。真正让块状经济变成了美丽经济！

大唐袜艺小镇的时尚转型之路，是一个传统专业镇转型升级较为成功的案例，它为其他专业镇的传统产业转型提供了一条新的路径。

2.7.5　小结

回顾以上三个时尚小镇的发展历程，我们不难发现：每一个时尚小镇的发展都离不开相关产品的技术创新和创意设计，并通过"旅游+"的形式，来促进时尚产业与文化旅游产业的联动效应。例如格拉斯的香水产业和相关节庆、萨尔兹堡的音乐节和莫扎特主题手工艺品，以及大唐镇的各类创意袜和文化体验活动等等。

国内潜在的时尚小镇发展不妨也围绕时尚产业，积极与国际最新潮流时尚接轨，加强产品的创新和创意，引领国内时尚潮流。同时，为维持小镇的持久运营还可以时尚文化为内涵，通过旅游业延伸时尚产业的广度和宽度，提升小镇的品牌知名度，促进区域相关产业的联动发展。

第 2 章注释
① 第 2.1.1 节作者为沈惠伟、臧艳绒，陈易修改。
② 参见百度文库 / 盛明：《特色小镇：新常态下区域产业集聚 3.0》。
③ 参见中国新闻网 / 章天启：《浙江大唐以袜艺小镇重塑产业，国际袜都增智慧因子》，2016 年 3 月 3 日。
④ 参见百度文库 / 作者不详：《法国薰衣草特种香料产业发展给我们的借鉴》。

⑤ 第 2.1.2 节作者为荆纬、叶志杰，沈惠伟、臧艳绒、陈易修改。

⑥ 第 2.2 节作者为袁雯、金今，沈惠伟、臧艳绒、陈易修改。原文《IP 对于特色小镇有多重要？明星卖人设，小镇卖 IP》，见南大规划北京院公众号（njuupbj）第 20171027 期。

⑦ 第 2.3 节作者为叶志杰、胡正扬，沈惠伟、臧艳绒、陈易修改。原文《南大规划 | 供给侧改革下的农业特色小镇》，见南大规划北京院公众号第 20170308 期。

⑧ 参见《中共中央 国务院关于深入推进农业供给侧结构性改革加快培育农业农村发展新动能的若干意见》。

⑨ 参见《农村工作通讯》：中共中央 国务院关于实施乡村振兴战略的意见。

⑩ 英国科茨沃尔德地区案例的原作者为鲍华姝，沈惠伟、臧艳绒修改。

⑪ 部分参考 *NapaValleyGuidebook*（2017 版）。

⑫ 参见厅产业信息处：《成都"五朵金花"休闲观光农业的借鉴》，2007 年 10 月 11 日。

⑬ 参见天涯博客 / 栗色的猪：《旅游小城镇发展模式及国内外案例研究》，2015 年 5 月 15 日。

⑭ 第 2.4 节作者为关芮，沈惠伟、臧艳绒、陈易修改。原文《特色小镇系列——民俗 IP 旅游特色小镇》，见南大规划北京院公众号（njuupbj）第 20170725 期。

⑮ 参见读道文旅：《特色小镇规划设计之历史文化主题型文旅小镇》，2016 年 11 月 24 日。

⑯ 参见中华建设网 / 王晶：《如何借力民俗文化让小镇真正"特"起来？》，2017 年 1 月 10 日。

⑰ 参见中郡运营：《袁家村："吃货"的天堂是怎么打造的？》，2017 年 10 月 13 日。

⑱ 第 2.5 节作者为袁雯、金今，沈惠伟、臧艳绒、陈易修改。原文《解开欧洲特色小镇（城）的神奇密码（之一）：法国尼斯》，见南大规划北京院公众号（njuupbj）第 20171019 期。

⑲ 第 2.6 节作者为胡正扬，沈惠伟、臧艳绒修改。原文《影视特色小镇发展模式大揭秘》，见南大规划北京院 NJUUPBJ 公众号第 20170210 期。

⑳ 参见微口网：我要去看《三生三世十里桃花》了。

㉑ 参见马蜂窝网 / 梓萱的游学日记：《打破次元壁——探秘鸟取县北荣町的柯南小镇》，2017 年 8 月 10 日。

㉒ 参见如果 _Outsider（韩国）：《消夏计划 # 京畿道：那些年我们追过的韩剧拍摄地》，2015 年 7 月 12 日。

㉓ 第 2.7 节作者为荆纬、叶志杰，沈惠伟、臧艳绒、陈易修改。原文《特色小镇：特色产业解读》，见南大规划北京院公众号（njuupbj）第 20170131 期。

第 2 章参考文献

［1］邢冰.黑龙江省居民消费结构转型升级的思考［J］.统计与咨询，2013（5）：22-23.

［2］新一线：特色小镇里的后中国制造时代［J］.第一财经周刊，总第 445 期.

［3］俞美华.大唐"世界袜都"的成功之路［J］.进出口经理人，2011（11）：28-30.

［4］王爱玲.法国薰衣草产业创意开发及对我国的启示［J］.农业经济，2014（5）：

19-20.

［5］刘凤军，雷丙寅，王艳霞. 体验经济时代的消费需求及营销战略［J］. 中国工业经济，2002（8）：81-86.

［6］作者不详. 美国纳帕谷的特色小镇集群之路［J］. 中国合作经济，2019（6）：35-37.

［7］王玲. 小葡萄如何酿就大产业——美国加州纳帕酒谷发展考察报告［J］. 政策，2012，（9）：87-89.

［8］许嫣然. 美国特色小镇—纳帕谷［N］. 中国城市报，2017-09-11.

［9］俞蔚. 基于产业生态圈理论巴城昆曲小镇规划研究［D］. 苏州：苏州科技大学，2017.

［10］邱晓稳. 成都三圣乡："花卉之乡"的美丽建成之路［J］. 中华建设，2018（2）：36-39.

［11］林峰. 特色小镇建设 – 文旅产业如何当主角［N］. 中国文化报，2017-04-01.

［12］阿兰·B. 雅各布斯. 伟大的街道［M］. 北京：中国建筑工业出版社，2009.

［13］郑正球，陈岚，杨仁鸣. 建筑空间形态之占领与围合［J］. 四川建筑科学研究，2008（2）：217-219.

［14］张恒芝. 台州城市色彩控制规划研究［D］. 杭州：浙江大学，2011.

［15］焦燕. 城市建筑色彩的表现与规划［C］. 中国建筑学会建筑物理分会年会，2000.

［16］李克纯. 华谊兄弟布局影视小镇是真正的发力点还是"圈地"噱头？［N］. 中国房地产报. 2017-04-24.

［17］王海萍. 时尚产业的供应链管理研究［J］. 当代经济，2012（8，上）：47-49.

［18］韩传号，蔡蜀亚. "袜都"大唐探路传统产业升级［N］. 经济参考报，2017-11-10.

第2章图表来源

图 2-1 源自：王祖强，虞晓红. 分工网络扩展与地方产业群成长——以浙江大唐袜业为例的实证研究［J］. 中共浙江省委党校学报，2004（2）：55-60.

图 2-2 源自：臧艳绒绘制.

图 2-3 源自：南京大学城市规划设计研究院有限公司北京分公司规划项目（云南省墨江县碧溪特色小镇规划）.

图 2-4 源自：堆糖网.

图 2-5 源自：故宫博物馆官方微博.

图 2-6 源自：电影《心花路放》和阿那亚官网.

图 2-7 源自：搜狐网.

图 2-8 源自：新浪博客.

图 2-9 源自：叶志杰、胡正扬绘制.

图 2-10 源自：搜狐网. 纳帕谷和16区的故事—看美国人玩转全域旅游.

图 2-11 源自：一九在线官网.

图 2-12 源自：三圣花乡官网.

图 2-13 源自：韩国民俗村官网.

图 2-14 源自：韩国旅游官方网站.

图 2-15 源自：去哪儿网.

图 2-16 源自：携程旅行网.

图 2-17 源自：郑正球，陈岚，杨仁鸣.建筑空间形态之占领与围合［J］.四川建筑科学研究，2008（2）：217.

图 2-18 源自：尼斯旅游及会议局官网.

图 2-19 源自：胡正扬绘制.

图 2-20 源自：环球人物网.在日本小镇，与柯南一起破案.

图 2-21 源自：马蜂窝与携程旅行网.

图 2-22 源自：韩国某旅游网.小法兰西主题村.

图 2-23、图 2-24 源自：胡正扬绘制.

图 2-25 源自：荆纬、叶志杰绘制.

图 2-26 源自：萨尔茨堡官网.

表 2-1、表 2-2 源自：叶志杰、胡正扬整理绘制.

表 2-3 源自：俞蔚的《基于产业生态圈理论巴城昆曲小镇规划研究》，参见学术论文联合比对库，2017 年 11 月 13 日.

表 2-4 源自：焦燕的《城市建筑色彩的表现与规划》，参见中国建筑学会建筑物理分会年会，2000 年.

表 2-5 源自：荆纬、叶志杰整理绘制.

表 2-6 源自：臧艳绒绘制.

3 精致空间，极具人性化感受的体验场所

3.1 在水边，小（城）镇的多样体验空间[①]

在水边，往往会让人有无限的遐想。无论是生活在水边，还是工作在水边，抑或是休闲在水边，购物在水边，都能带给人一种放松和灵动的感受。我们的生活空间一旦有了水，就会让这个空间变得生动活泼。以至于在规划行业，我们赋予了它一个很浪漫的名字——蓝色系统。

当然，水和镇的关系是一个值得持续探讨的话题。很多传统小镇在产生之初，水的交通价值远胜于它的景观价值，例如中国江南很多古镇。农产品从小（城）镇向大城市的输送，生活用品从大城市的舶来，都依赖着小（城）镇边上的那条河流。然而，当交通属性在滨水地区褪去后，多样化的滨水空间开始出现了，正如新加坡的克拉克码头和伦敦的金丝雀码头。如今，这些地方都已变得更加舒适和精致，只有从其保留的地名中，我们还能依稀回忆起这里曾经水运要道的交通职能。

3.1.1 商业性滨水空间

《管子·水地篇》有言："水者，地之血气，如筋脉之通流者也。故曰：水，具材也"。自古以来，水所承载的交通功能为沿岸带来了许多商机，北宋画家张择端的《清明上河图》描绘了汴河两岸繁华热闹的商业场景：商船络绎不绝，沿岸商楼林立，酒肆、食店、摊贩分布于两岸。随着水系交通功能的衰落，其文化、生态、休闲等功能逐渐彰显。依托自然水系发展的商业空间视野开阔、亲近自然，能够满足人们购物、休闲、亲近自然的多重需求。

1）极具吸引力的滨水商业空间——法国安纳西小镇

安纳西位于法国东南部，罗纳 - 阿尔卑斯大区的上萨瓦省。这座小城距离日内瓦仅 35 km。小镇中许多 12—17 世纪的建筑被完好地保存下来，例如圣弗朗索瓦大教堂、圣莫里斯教堂、休河中央的锥形宫殿"岛宫"以及圣克莱尔路尽头的城堡，它们与城区的街道以及河流形成了安纳西小镇的核心吸引物，吸引着世界各地的游客。古老的建筑极大地增加了滨水商业街区的人文魅力。

提乌运河的一些小支流漫流在安纳西古城的街巷里。运河里增设了水闸，通过水闸调节水流大小、缓急，以及深浅。因此，沿着运河向古城里漫步可以欣赏到深深的河道、几乎察觉不到水流的开阔浅滩、水流湍急的小瀑布。一步一景，不断有惊喜接踵而来。由于旧城的护岸大多比较狭窄，地面缺少植物，因此护岸的栏杆专门设计成可以种植花卉的花池。此外，安纳西滨水堤岸水体形式的变化可以引起滨水空间大小的变化。从开敞的湖边到密集的河边，会构成不同的景观[1]。

河边建筑加盖或挖空形成的走廊遮阳避雨，形式灵活[2]。沿河街道的店铺功能以餐饮、住宿和购物为主，沿湖边延伸进运河的临水建筑则大部分是小餐厅，餐厅内外都可供游客进餐，湖边进餐的食客与沿岸观览的游客互相观赏，互为风景。同时，拥有高山、河流、湖泊的安纳西，还将这些自然元素与环境和小镇的商业氛围相结合，契合周边环境进行河岸基础设施的完善。同时结合滨水的休闲功能，植入商业功能，打造出独具特色的滨水商业空间。

2）如何用水提升滨水商业空间的吸引力

商业开发是城市滨水区域开发最重要的组成部分，而水是极具吸引力的环境载体，如何做好"水"文章，打造滨水商业空间的核心特色，是滨水商业空间开发成败的关键。独具特色的水环境能给滨水商业空间带来大量人流和活力，从而推动小（城）镇休闲环境的建设，满足人们对游憩空间的需求，对提升小镇形象也具有很大作用。以水为核心，提升滨水商业空间的吸引力，可以从主题业态的融合和景观化的打造两个方面着手。

在滨水商业空间的设计中，主题业态是空间核心驱动力。与"水"相互融合的主题业态是重中之重，因此需要明确滨水空间业态的主题功能，如商务会议、旅游休闲。明确业态主题功能之后，"水"的设计需要依据已定主题业态，从而对水的"气质"进行明确定位，最终，水和业态两者融合呈现出特色鲜明的主题。

滨水商业空间的景观化打造因为"水元素"的存在，更具有层次感和新鲜感，因此吸引力大大增加。街道是滨水商业空间最重要的线性空间，应当根据实际情况来设计建筑物高度，做到因地制宜。滨水商业街道大多是平行穿插于水岸进行设计，以便顾客在行进中更好地观赏水岸景观，通常的设计手法应该是一条富于变化的主街道结合多条纵横交错的次街道，从而形成"迂回曲折""百步一景"的滨水街道。而植被结构的设计以多元化组团为主，线形上应考虑沿岸及主要街道轴线视线通透性，以及植被的四季色彩的交替。总之，滨水商业空间景观的打造应当在原始的地表肌理上，理清水景与其他造景元素之间的关系。另外也可以通过景观绿化、小品雕塑以及必要的围栏设施等软化人与水的心理界面。

3.1.2　生活性滨水空间

从文明的起源到现在，水在人类的生活中占据了相当重要的位置，四大文明起源于水边，游牧民族逐水而居，中国山水画中的江边别馆、水边高阁，无不引发了无数人的憧憬：诗意地栖于水边。虽然生活方式不同、价值观念不一，人居方向却在水边完成了统一。

1）伯顿小镇——最休闲的生活性水乡小镇

伯顿是柯兹沃尔德地区最具代表性的村镇。虽然它只是一个村，但是其人口规模比一些城镇还大[2]。它不仅有安静恬淡的英国乡村生活，也有小桥流水人家般的诗意，被称为柯兹沃尔德的"水上威尼斯"。其独特的魅力不仅吸引了大量游客，还吸引了很多定居者。

疾风河串联了整个村庄的主要功能，最终汇入泰晤士河。河水清且浅，深度大约半米，可爱的小孩子和小鸭子一同在河水边嬉戏，萌娃和萌宠的组合让人止不住地按下相机快门。河上六座罗马石桥，连接疾风河两岸，已经默默伫立了两百多年的时光。河畔两岸绿草树木成荫，绿色倒映在水中，随着河水一起流动。坐在树下的草坪野餐、聊天、看报、遛狗是当地人最惬意的休闲方式[3]。岸边两侧是琳琅满目的精品商铺、教堂、小酒馆、动物园和农舍，超过1200年历史的蜜蜡石屋依然有五彩的鲜花装饰，人们在小酒馆喝酒聊天，在商店里闲逛，在小路上遛狗散步，或者坐在椅子上看着墙上的爬山虎发呆，一段惬意的午后时光缓缓流过。

小镇悠闲的生活方式不仅吸引了来自世界各地的游客，也吸引了很多老年人来此定居。前往小镇的公交车上，90%的乘客都是老年人，就连伯顿的明信片都是坐在轮椅上白发苍苍的老奶奶和老绅士。人们被这里宜人的自然环境、浓郁的历史积淀所吸引，可以让人们远离喧嚣的城市，隐逸在慢节奏的水乡生活中。在这里，临水而居的乡村生活，可以让老人亲近自然，在自己的院子里种花养草，惬意生活。最重要的是，这里络绎不绝的游客足以支撑基础设施的运作，从而避免"空心村"的出现。

小镇有着游人带来的热闹活力，也有不变的安宁惬意，临水而居的水乡生活让人释放城市生活压力，回归自然的心灵归宿。

2）临水而居的亲水休闲空间营造

依山傍水是人人向往而憧憬的居住地，尤其是小镇的河边水边，总是人们生活和社交的优选之地，流经小镇的水流也是水势平缓，不似大海，犹如六月的天，说变就变。正如费孝通先生在《江村经济——中国农民的生活》中提及的江南水乡——开弦弓村，航运成为村里的主要交通，人们的生活起居也离不开水，蜿蜒曲折、婀娜多姿的水体为当地居民生活增添了一份诗意和秀美。天生的亲水性，使得人们在完善配套的基础设施时，都要以提升亲水性为核心，着力于打造各式生活性的滨水空间。

提高水空间的亲水性。对于传统居住空间，可以充分利用传统建筑的出挑、廊棚、埠头等设计元素，形成与水相依的传统亲水场景。对于新建住区，则可利用滨水广场、滨水公园以及绿地楔入等设计手法将水环境引入居住片区，以加强居民生活与水的联系，提高水空间的亲水性[4]。其中，堤岸的形态对于亲水性的塑造尤为重要，堤岸的设计最好根据地势设计成逐级下落的形态，模糊边界，打造不同的功能区域，如观景、游憩、戏水等。

另外，通过把水引进来或者把岸拉出去这两种方式也可以使人更好地置身水中体验水的魅力[5]。把水引进来的方式，可以通过设计景观化或园林式的浅水池，或者做成现代的水景小品，通过一系列的处理，使水景的层次和内容更为丰富，更便于人们近距离戏水。把岸拉出去则是通过观景平台的建设，让人置身水上，这种方式更适合观赏辽阔水面。

在滨水生活空间的营造中，将市政配套与社区配套进行互补，完善基础设施，有助于提升滨水空间的生活品质，也有助于空间功能的提升。例如在伯顿小镇，完善的基础设施，不断吸引人们来此定居，从而提升基础设施的利用效率，形成良性循环。因此，生活性滨水空间中，基础设施的配套也尤为重要。

3.1.3　水城共生的小（城）镇空间

水，是城市兴建繁华的重要因素，围绕水而进行的城市发展已然延续了数千年，那么如何以水塑城，让水成为小（城）镇的骨架，用以带动小（城）镇整体发展？

1）水城共生的法国科玛小镇

科玛小镇坐落于法国东北部与德国接壤的地方，河流众多，被誉为小威尼斯。在16世纪，科玛小镇曾是阿尔萨斯的葡萄酒贸易中心，市内的运河当时便用作运载葡萄酒。

沿着河流，小镇的商业空间、休闲空间和生活空间依次排开。依托伊尔河支流——酪赫河两侧分布的商业建筑，运河两侧随处可见各种水吧，可享受河畔的恬静时光。小镇休闲场所非常灵活，开阔的空间中，商家用遮阳篷、鲜花栏杆和椅子就打造出一片休闲天地，而且使小镇的商业空间和休闲空间有了很好的连接。小镇还有各种供人民休息游乐的广场，著名的有古海关广场。无论是广场、巷道还是其他公共空间，小镇都着力于打造出最开阔的视野和最宜居的环境。

小镇沿着河道的步行道上铺满了鹅卵石，处处装点着鲜花。沿着街道慢行，细细品味小镇的宁静祥和，如果走累了，可以在街道两侧设置的长椅上小坐休憩。身后是保存完好的三到四层的木质骨架的房屋，家家庭院花木扶疏，处处充满小桥流水人家的悠闲气氛，可以称得上是水上花城。

2）以水为脉的小（城）镇空间营造

通常来说，水记载着小（城）镇的过去与现在、繁荣与兴衰，沉淀着历史悠久的地域文化。因此尊重小（城）镇传统的空间格局，以水为脉络对小（城）镇进行空间上的梳理，挖掘展现小（城）镇内在的文化特质，可以塑造独具地方气质的特色小（城）镇。

首先，对于小（城）镇滨水空间的梳理，最重要的一点是重构水空间的可见性。随着小（城）镇的发展、规模的扩大，水的空间逐渐被挤压、侵占。因此要营造小（城）镇的水空间，首先要看得见水。要通过疏通河道，严格保护水网格局，以保证小（城）镇的水网密度；还要对滨水空间执行严格的退线要求；同时要增加滨水空间的有效利用率，在有条件的滨水空间设置滨水路、步行道与小广场，并建设步行桥来沟通河道两岸。最终建立完整的滨水开放空间系统，形成连续的视觉连廊，保持水空间的开放性[5]。

其次，以水为先进行空间布局，通过街道、交通、滨水广场加强水空间的可达性。例如可以利用空间设计手段复兴水上交通，疏通、恢复水上航线；增加近水空间、丰富水上活动内容和载体，激发小（城）镇滨水空间的活力。通过灵活的布局顺应小（城）镇原始肌理的走向，把握小（城）镇中水的脉络。

最后，挖掘伴水而生的人文内涵，保留传统文化肌理，可以形成独具一格的空间特色。例如在平面布局、建筑类型、建筑细部诸如铺地、图案等方面植入当地的传统文化元素。文化元素的植入是展现小（城）镇空间内涵，延续地方文脉的重要方式。在设计的整个过程中，需要深入体会小镇的文化内涵，并将这一文化设计成可表达的元素展现在小（城）镇的空间中[6]。

3.1.4　小结

以上，我们通过几个方面的案例，对如何依托水环境打造特色小（城）镇的各类空间进行了一一举例说明。但小（城）镇"特"色化发展的根本，并不在于对各类空间品质投入大量财力物力，而是以地方本底的发展基础和条件，寻求一条适合地方发展的特色化发展路径。而特色空间的打造，正是彰显特色小（城）镇特色化发展的重要手段。

3.2　小（城）镇，应该是步行者的天堂②

正如歌声中唱的那样，"从前的日头很慢，车、马、邮件都很慢"（《从前慢》）。而现在，城市繁华愈盛，节奏越发变快，诗意逐渐消逝，乡愁因此缘起。小（城）镇，寄托中国乡愁诗意的归处，又该如何重塑昔日"陌上花开缓缓归"的悠然与惬意？或许，小（城）镇就应该回归到最初的样子，成为步行者的天堂。

3.2.1 极致的慢行区域——无车城镇

蓬特韦德拉（Pontevedra）是一座位于西班牙西北部的小城，总面积约 118 km²，人口约 83000 人，是目前世界上唯一一个中心城区内没有汽车通行的城市。蓬特韦德拉 3.5 km² 的中心城区全面禁止机动车辆，步行在交通方式结构中占比超过 60%，是世界上步行城镇最典型的案例。

17 年前的蓬特韦德拉与其他欧洲城市相比并无特别，约 5.1 万人口集中在中心城区。面积仅 3.5 km² 的中心城区每天约有 2 万部车辆通行，交通拥堵、停车困难。在对蓬特韦德拉城市交通规划找不到兼顾各方面解决方案的情况下，当时的市长做出了一个大胆的决定：对蓬特韦德拉中心城区的机动车辆进行全面禁止，具体措施主要包括：

（1）将整个中心城区划定为"无车区"，除警车、急救车辆以及一辆交通巡逻车外，禁止机动车辆通行。

（2）无车区范围外可以开车，但是从 2010 年起限速 30 码。

（3）在无车区外围各个方向规划大型停车场，提供约 8000 个停车位，其中很大一部分是免费的。居住在郊区的居民可驾驶机动车到达无车区外围，再将车停在停车场，步行至目的地（停车场对停车时间有着严格规定，大多数最长停车时间为 24 小时，最大程度的避免日常通勤以外的肆意占用）。

（4）将无车区范围内的停车场及停车位改为绿化及广场用地，在规划中加强室外市民活动交流空间建设。

（5）将无车区范围内的车行道改造成人行道，并加强街道路面铺设、道路标识、休憩设施等基础设施建设。

（6）大型超市、大型商场等人流量集中的公共建筑均建立在无车区范围以外。

（7）蓬特韦德拉的无车交通规划主要反映在一张地铁运行示意图（图 3-1）上。当然啦，蓬特韦德拉并没有地铁，这张图真正意义上其实是一个"无车区步行时间计算地图"。图中包含的信息主要有：

① 无车区内主要功能节点的位置；

② 各节点之间可选择的步行路线和相应的步行时间；

③ 公园位置和徒步小道；

④ 无车区外停车场的位置（标明收费和免费）；

⑤ 公共交通站点位置。

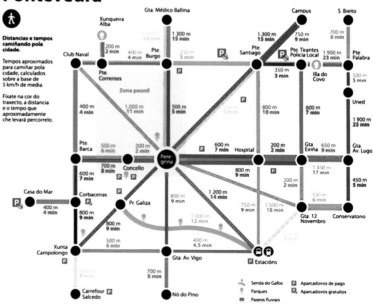

图 3-1　地铁运行示意图

　　从这张图可以看出，蓬特韦德拉的无车区有着适宜慢行交通的尺度，停车场及各功能节点之间的步行时间绝大多数是几分钟或者十几分钟。有了清晰合理的步行路线规划，再加上无车政策的保驾护航，蓬特韦德拉广大的步行人群得到了首位的优先权，其次是自行车和公共交通，最后一位才是私家车。虽然这项政策在当时遭到了当地商人的游行反对，但是随着政策的推行，蓬特韦德拉的出行方式产生了显著的变化。从 2011 年的出行方式结构数据看，步行的出行比重已经达到了 66%（图3-2），由此也产生了诸多积极的变化：不仅车辆拥堵成为过去式，城市交通安全也得到了有力保障，居民在汽车上的花费明显减少；步行的普及以及大型超市等的外迁也使中心城市的商铺恢复了活力；在欧洲小城镇人口普遍逐年下降的大环境下，蓬特韦德拉中心城区人口在 17 年间增加了 1 万多人。由此可见，慢行交通的推行为小城镇带来的积极影响，绝不仅仅是在交通本身。

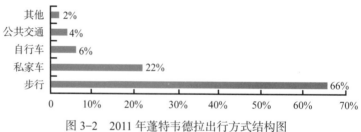

图 3-2　2011 年蓬特韦德拉出行方式结构图

3.2.2 嵌入式的慢行样本——行走小镇[③]

Aurora Highlands 历史街区总面积为 2.98 km^2，人口为 1.1 万，是典型的特色小镇尺度。Aurora Highlands 历史街区的慢行交通，要从它所在的阿灵顿县说起。是的，在美国这个出了名的步行不友好的国家，竟然也有这样一个为绿色出行不遗余力且成效显著的阿灵顿县。它位于首都华盛顿的郊区，被称为"全美步行最友好的郊区"。为减少私家车的使用，鼓励市民采用绿色出行方式，并打造安全、便捷的步行环境，阿灵顿政府联合了以 Aurora Highlands 历史街区为典型代表的各社区出台了"行走的阿灵顿"系列行动法案。

"行走的阿灵顿"的核心项目就是减少私家车的使用。这个项目的名字很有意思，叫做"Car-Free Diet"，直译成中文就是：一场抛弃私家车的"减肥"运动。按照阿灵顿政府自己的解释，这个"Diet"可谓一语双关：一方面，培养市民健康的生活方式，在身体上"减肥"；另一方面，缓解城市交通拥堵，为城市"减负"。该项目由阿灵顿县通勤局负责，主要分引导和教育两部分内容。

引导方面，通勤局推出了网页版和手机 APP 版 Car-Free Diet 工具（图 3-3），可对步行速度、骑行速度、停车费、出行时间等进行个性化设定，智能化的为市民设计多种不同的绿色出行路线方案。除此之外，通勤局在阿灵顿及华盛顿的各大交通枢纽还设置了实体的"通勤商店"，方便市民们购买和充值交通卡、领取轨道交通时刻表，以及找工作人员量身定制出行方案。

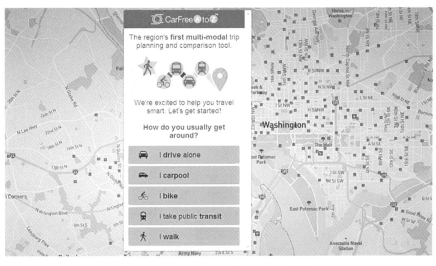

图 3-3　Car-Free Diet 手机 APP 界面图

教育方面，通勤局在专门的 Car-Free Diet 网站上设置了一个趣味计算工具（图 3-4）。与减肥需要靠每天看体重秤上的数字来督促类似，当阿灵顿市民们精确地看到通过减少私家车的使用，省了多少钱、消耗了多少卡路里、减少了多少二氧化碳的排放，成就感油然而生时，绿色出行对于爱开车的美国人的教育意义也就达到了。

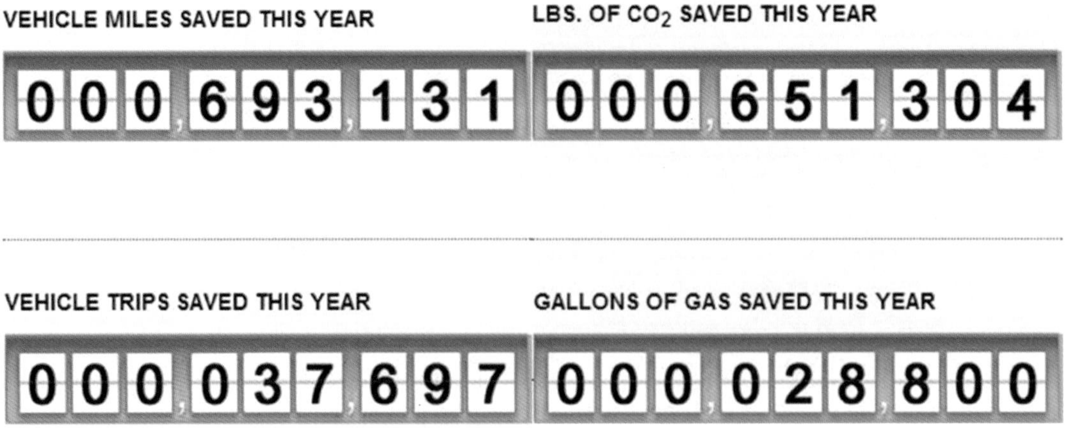

VEHICLE MILES SAVED THIS YEAR

000,693,131

LBS. OF CO2 SAVED THIS YEAR

000,651,304

VEHICLE TRIPS SAVED THIS YEAR

000,037,697

GALLONS OF GAS SAVED THIS YEAR

000,028,800

图 3-4　Car-Free Diet 网站趣味计算器

当然，"行走的阿灵顿"绝不仅限于宏观层面上的指导和教育，阿灵顿县交通部门邀请了专门的慢行交通规划团队，对各城市街区进行了设计和改造。根据对各街区的交通、地形、人文地理等现状的评估，分别应用规划环形交叉路口、略微提高人行横道、设置减速路障等技术手段，并根据各街区的现状特点设计了一系列各具特色的徒步系统，进而使整个阿灵顿的街道系统变得更加安全、舒适、有魅力。

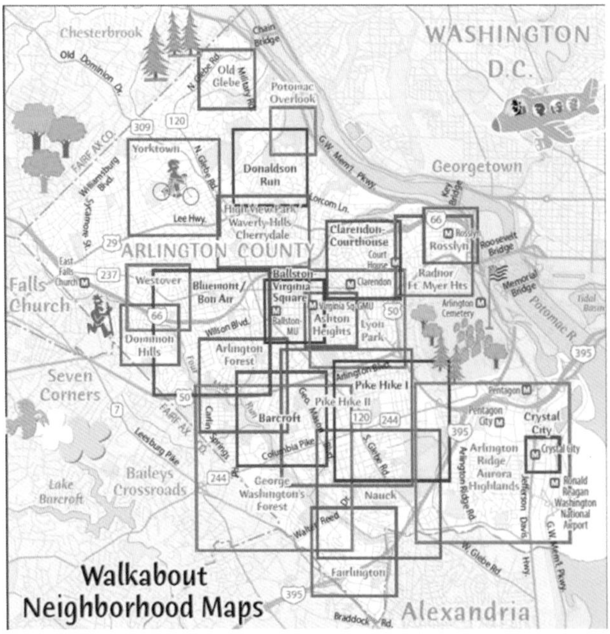

"行走的阿灵顿"徒步系统规划以"街区"为基本单位，各街区没有固定的规模大小，也并不各自独立（图 3-5）。划定标准主要基于现状步行系统、城市功能、地理环境等，从高密度的城市到低密度的乡村，从居住区到旅游区到办公区，几乎覆盖整个县域范围。每个街区基于各自独特的主题分别进行徒步系统设计，主要内容包括徒步路线的起点和终点、路线长度、地形类型、街区周边环境、景观节点等。

Aurora Highlands 历史街区位于

图 3-5　阿灵顿行走地图示意

阿灵顿县南部，是国家级历史街区，也是"行走的阿灵顿"徒步系统规划中第一个完成规划的街区。该街区的徒步路线以南北两条环形路线为中心，南线主要是居住区、学校、社区公园、林间小道等，主要面向本地居民；北线主要途径历史建筑、博物馆、大型公园等公共区域，兼顾游客需求。徒步路线规划中，除了对路线的起点、终点、方向等进行标识之外，还考虑了徒步路线与公共交通之间的接驳，并列出了路线主要节点的位置和介绍，大到 19 世纪的建筑历史，小到当地有名的餐馆，实用性非常强。

从宏观县域层面新颖便捷的引导教育，到微观街区层面详尽全面的徒步路线，阿灵顿的绿色出行等于一本自上而下的教科书。交通方式引导、趣味计算、街道改造、徒步路线规划，这一系列慢行交通的推动措施，对阿灵顿步行友好环境的营造，效果是显著的。2011 年，阿灵顿获得"美国金牌步行友好社区"称号，并在 2016 年再次获得。步行友好为阿灵顿带来的不仅仅是这个"金牌"，更多的是切实的受益：交通拥堵的有效缓解及随之带来的空气质量提升，Aurora Highlands 历史街区及之后的一系列街区特色文化氛围的形成，以及更多步行活动带来的当地商业的繁荣振兴。步行已经成为阿灵顿市民引以为豪的生活方式，并渐渐形成习惯。

3.2.3 小众的慢行方式——水上村镇

羊角村（Giethoorn）位于荷兰西北部的 Overijssel 省，距离阿姆斯特丹约 120 km，居民不到 3000 人。村落由绵延 6km 的运河和 100 多座木质桥梁串联而成，村中建筑依运河而建，都有着独特的芦苇屋顶，被当地人称为"绿色威尼斯"。

羊角村是荷兰重要的芦苇产区，最早的居民是 13 世纪前来定居的一些方济会修士，由于地势较低，土地贫瘠，不利于农作物生长，早年生活一直比较贫困。除了芦苇，这里唯一的资源是地底下的泥煤，居民为了挖出更多的泥煤块卖钱而不断开凿土地，形成一道道狭窄的沟渠。后来为了运输泥煤和物资将沟渠拓宽，所以今天这里运河水路交织童话般的美景实属歪打正着（图 3-6）。而羊角村的得名也来源于挖掘泥煤过程中挖出的生活在 1170 年左右的野山羊的羊角。无论如何，随着沟渠的挖掘，水路的形成，羊角村

图 3-6 羊角村水上路网

的畜牧业等也随之有所发展，近几十年来更是成为旅游度假胜地。

童话般的羊角村对慢行交通的组织也是独具匠心。在整个羊角村范围内，汽车是严禁通行的。停车场位于村外围，村内的交通方式只有三种：步行、骑行、乘船。

由于旅游业的兴盛和游客的增多，羊角村的慢行系统规划考虑了功能分区的需要，因此游船路线被限制在运河主水道及两个重要的湖泊周边，使旅游休闲区与农业、畜牧业等需要保护的区域相对分离。当地人为了保护河堤，运河两岸统一用长条的木板做成护堤，用木桩固定在两岸，原生态构造和谐地融入当地古朴的整体风貌。羊角村的游船都是电动船和手划船，没有引擎声，不影响居民正常生活，整个村子静谧、安宁、闲适、宜居。

除游船之外，骑行和步行也是羊角村的主要交通方式。骑行、步行的主干道位于运河主水道的左右两侧，连接着延伸至每家每户的小径以及林间小道，道路交汇处有着较为清晰的路标。羊角村气候多雨，村中主要桥梁的设计兼顾了步行和骑行的需求，右边的坡道便于骑行，左边的阶梯在下雨时对步行人群起防滑作用。在这样的骑行、步行道上穿行于小桥流水人家之中，想想都是件惬意的事情。

与羊角村的慢行交通系统相配合的还有其精致、开敞、尺度人性化的公共空间。咖啡厅、花园、草坪等干净整洁、井井有条、风貌统一，这得益于当地的管理方式。村里的公共房屋建筑、草坪、河道等公共环境管理均由居民出钱维护，统一交由政府委托三产机构来做清理维修工作，这就保证了统一的风貌和有序的环境。

由于气候较寒冷，羊角村也是滑冰爱好者的冬季旅行目的地，游客们可以在结冰的运河或者附近的溪流上滑冰。这种分时或季节性的旅游或节事活动，同样也可以和慢行交通系统的规划联系起来，例如，下一个案例……

3.2.4　慢行路上的停留——活动策划[4]

最后一个案例——日本东京步行者天堂，我们来聊聊与慢行交通相关的活动策划。尽管这个案例并不是小镇，然而这个地区的步行治理的模式最值得我们学习和借鉴，它就是东京的银座。

日本东京的银座（Ginza）位于在新桥与京桥两桥间，开设于17世纪初叶，是东京乃至整个日本有代表性的最大、最繁华的商业街区。银座是许多百年老铺与本土品牌的发祥地，而贯穿银座1丁目至8丁目的中央通，被选为日本"一百名道"之一，也是银座最繁华的主要街道。这条街道平日与其他繁华街道无异，而每到星期日和节假日的下午，整条中央通会实施交通管制，禁止车辆进入，打造"步行者天堂"。

中央通道有着清晰的地面标示及道路指示标志，整条街道两侧布满了各类商业，其中不乏咖啡厅、茶社等露天场所，这些都是打造"步行者天堂"活动的良好基础。例如，街区商场对摆放的艺术品进行定期更换，并且设置了书店、高端会所、剧院等文化设施，不仅打造了浓厚的艺术氛围，而且始终保持着新鲜感。顾客在购物的时候，精神和物质都得到极大满足，停留时间在不知不觉中增大。

此外，每到周末和节假日，伴随着"步行者天堂"活动的是各类身着和服或 COSPLAY 服的人群，时不时地还有电视节目的录制和明星见面会活动。少年少女可以驻足在街边的算命先生身边，探问自己的未来爱情，孩子们穿着动物服装玩耍嬉戏，老人们则身穿旧式和服头带鹿角，像巫师般捶鼓跳舞。逛累了可以在饮料店、点心店的轻便桌椅边小歇，人们坐在带有顶棚的长椅上喝着饮品，吃着美食，与三五好友聊天小聚，在繁华的街景中，觅一处身心放松之地。

街区通过一系列活动的策划，在基本的商业功能之外，丰富文化、艺术、社会、创新等功能，打造多种消费场景，让顾客在不知不觉中放慢脚步，提升了整个街道的生机和商机。

3.2.5 小结

从宏观层面的政策指引到微观层面的街道设计，从整个城镇出行方式的大翻盘到慢行街区活动策划的增光添彩，慢行交通对特色小镇而言的意义远不仅仅在于交通本身。未来特色小（城）镇的发展，应充分考虑慢行交通系统的设计和规划，通过打造运行高效、步行友好、安全健康、尺度适宜的经济及生活环境，再现"诗意的生活"，重拾"失落的乡愁"。

3.3 "韧性"不"任性"，小（城）镇海绵城市技术应用[⑤]

城市的韧性是现在规划圈谈论的热点之一，海绵城市理念实际上也是体现城镇韧性的一个重要方面。我们经常会感叹一些历经百年的古镇，至今它们的抗涝排水系统仍在发挥作用。其原因正是在小（城）镇建设之初，就已经考虑到小（城）镇在适应环境变化以及面对自然条件变更，尤其是应对雨水方面的"韧性"问题。例如，小（城）镇慢行设施如何布局，慢行步道采用什么材料才能更加迅速吸收雨水等方面，进而为构建水生态环境平衡打下基础。要提升小（城）镇的韧性，而不让它在暴雨肆虐之时任性，就需要与小（城）镇基础设施建设同步考虑海绵城市技术在小（城）镇中的运用。

3.3.1 什么是海绵城市

国家发改委发布的《关于加快美丽特色小（城）镇建设的指导意见》

中提到"要按照适度超前、综合配套、集约利用的原则，加强小城镇道路、供水、供电、通信、污水垃圾处理、物流等基础设施建设。"文件虽未明确提出未来特色小（城）镇的城市开发建设模式，但"适度超前、综合配套、集约利用"的原则，已经表明特色小（城）镇需要改变传统的城市建设理念⑥，海绵城市的本质正是解决城镇化与资源环境的协调发展问题（图3-7）。

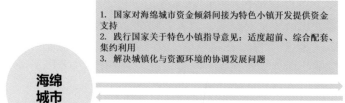

图 3-7　海绵城市与特色小镇关系示意

　　同时，国务院办公厅在《关于推进海绵城市建设的指导意见》（以下简称《意见》）中提到：建设海绵城市，统筹发挥自然生态功能和人工干预功能……实现自然积存、自然渗透、自然净化的城市发展方式……提高新型城镇化质量，促进人与自然和谐发展。《意见》充分体现了国家关于特色小镇"适度超前、综合配套、集约利用"建设的要求。同时，《意见》提出地方各级人民政府要进一步加大海绵城市建设资金投入，完善融资支持渠道，这也为特色小镇在海绵城市的开发建设方面提供了资金保证。

　　那么，到底什么是海绵城市呢？根据住房和城乡建设部于 2014 年发布的《海绵城市建设技术指南——低影响开发雨水系统构建（试行）》，"海绵城市"是指能够让城市像海绵一样，在适应环境变化和应对自然灾害等方面具有良好的"弹性"，下雨时吸水、蓄水、渗水、净水，需要时将蓄存的水"释放"并加以利用[7]（图 3-8）。海绵城市建设应遵循生态优先等原则，应统筹自然降水、地标水和地下水的系统性，协调给水、排水等水循环利用各环节，并考虑其复杂性和长期性[8]，从而让水在城市中的迁移活动更加"自然"，更加"循环"。

　　海绵城市和特色小（城）镇是否能够"相融共生，合二为一"呢？

　　海绵城市建设又被称为低影响设计和开发（LID）技术（图 3-8），从基础设施建设上来说共有 21 项 LID 措施[7]，特色小（城）镇的基础设施建设不光要做到技术好，还要"颜值高"。LID 技术正充分契合了特色小（城）镇发展诉求，将技术融入到小（城）镇的形象设计，能够更加凸显小（城）镇发展的生态理念，展现出小（城）镇的独特味道。

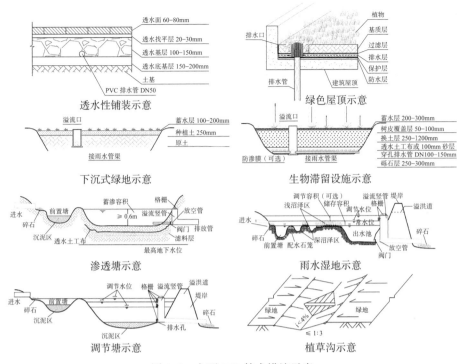

图 3-8 主要 LID 技术措施示意

3.3.2 海绵城市要打造会呼吸的地面

"海绵城市"中的池塘、河流、湖泊等水系以及绿地、花园、可渗透路面等城市配套设施共同构成了城市"海绵体"[9]。这些大大小小分散的水源控制设施，维持和保护着场地的自然水文功能，让城市像海绵一样"内外通透"，更具有生态魅力（图 3-9）。Ming Mongkol 绿色公园的"变身"给了我们很好的示范。

1）贫瘠的果园如何变身高颜值的绿色公园

路在林中，林木葱郁……这是经过更新改造之后的 Ming Mongkol 绿色公园。公园位于泰国北标府，毗邻 Mittraphap 高速路，由一果园用地更新改造而成。公园通过销售当地特色产品促进经济增长，同时

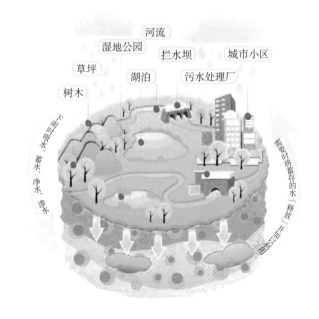

图 3-9 海绵城市"呼吸"示意图

布设众多休憩、服务设施吸引当地居民及外地游客。公园最大的特点就是在公园内部广场、道路、运动场、停车场等场地使用透水性铺装，提高硬质地表的透气、透水性，使人工干预过的设施与自然协调发展。

公园内部采用典型泰国平面形式，建筑环绕广场而建。而广场地面则使用了透水性地砖，兼具功能性和美学特质，下雨时，雨水通过透水砖下渗，汇入地下蓄水层。内部环形小道使用了透水性混凝土材料进行铺装。另外，在广场与建筑之间还有能够作为透水性铺装的鹅卵石地面。通过透水性铺装等"海绵体"的设计（图3-10），公园能够更加轻松地"呼吸""循环"，并逐步实现可持续的生态发展，最终成为这座小镇实施低影响开发的缩影。

图3-10　Ming Mongkol绿色公园透水性铺装图

2）"海绵"铺装的小镇应用

生态环境的打造关乎特色小（城）镇的生存大计，是评价其能否可持续运营的重要指标，同时是小（城）镇规划建设中的重大难题，贯穿在小（城）镇建设的方方面面。"海绵城市"的理念为特色小（城）镇的生态建设提供了一个很好的方向。

"海绵城市"建设的核心在于改善和提高城市"海绵体"的规模和质量，而"海绵体"又由多个不同功能的"海绵单元"组合而成[10]，因此，特色小（城）镇的规划建设，可以根据《海绵城市建设技术指南——低影响开发雨水系统构建（试行）》中的相关规定，通过透水性铺装、植草沟、调蓄池等"海绵单元"来营造以景观为载体的特色水生态环境。

小（城）镇的道路和广场可以采用透水性铺装与结构。当达到一定降水量时，一部分雨水自然下渗补充地下水，另一部分则进入排水沟。干净的雨水经生态排水沟或花园中的种植层、砾石层进行净化，净化后的雨水会下渗至蓄水装置或流入地下水。在不影响道路和广场功能的前提下，促进雨水就地下渗，可以使小（城）镇增加地下含水量，改善地下水环境。这种铺装或结构在缺水地区具有较高的应用价值[10]。例如小（城）镇的停车场可以采取生态停车场，农业类小镇则可通过在房前屋后种植蔬菜瓜果等来实行雨水净化。

我国各个地区特色小（城）镇不仅较好凸显了特色，也表现出了鲜明的地域性，做到了较为理想的因地制宜[11]，但是当前很多特色小（城）镇并没有很好地关注生态环境的保护。因此，在未来特色小（城）镇的建设当中，如何将"海绵城市"的理念融入特色小（城）镇的生态建设，需要给予更高的关注和研究。

3.3.3 海绵城市要让城市屋顶绿得有趣

除了"入地"，海绵城市的功能还可"上天"。传说在2500多年以前，古巴比伦国王尼布撒二世为了安慰患上思乡病的王妃安美依迪丝，仿照王妃在山上的故乡而建造了一座空中花园。据说空中花园采用了立体造园手法，将花园放在四层平台之上，平台分别又由25 m高的柱子支撑，整个花园由沥青和砖块建成，园中还种植各种花草树木，远看犹如花园悬在半空中[12]，因此得名"空中花园"。

虽然在古巴比伦文献中，空中花园始终是一个谜，甚至没有一篇文献提及它。但在我国西南部重庆这座魔幻的城市里，我们仍有机会目睹现实中的空中花园是怎样的。

1）玩出花的城市绿色屋顶——重庆桃源居社区中心

重庆桃源居社区中心位于重庆市桃园公园半山腰上的一块洼地，四周被起伏的山形围合。社区中心的屋顶采用绿色植被设计（图3-11），局部墙体进行了垂直绿化，这进一步强化了建筑与自然山体共存共融的设计理念。

图3-11　社区中心的绿色植被屋顶

对于重庆这样多雨的城市，绿色屋顶的建设不但能够吸收更多的降水，减轻下水道和水处理系统的负担，而且屋顶上种植的植物还能使房屋在夏天更为凉爽，在号称"大火炉"的重庆，可以大大减少室内空调的使用[13]，也间接减轻了当地的能源负担。

同时，绿色屋顶对于整个建筑的空间布局和交通组织也提供了更好的方式，通过建筑的架空与屋顶空间功能的多重叠加，使得内外空间流动起来，增加了居民及游人体验的趣味性，从"颜值"到"功能"都做到了吸引人。

2）绿色屋顶的小（城）镇应用

两千多年后的今天，为了应对热岛效应、空气污染等诸多城市问题，人们在钢筋混凝土的世界里开始重新建造"空中花园"，期许通过这见缝插针的一点点绿色，寻回几份生活的惬意。

高楼伫立，绿地何处觅？小（城）镇作为一种集聚创新的新兴产业和特色产业的空间形式，其景观营造也可以突破平面的公共绿地，延伸到不同层高的屋顶。绿色屋顶不仅能够增加整体可利用的绿化面积，改善小（城）镇的立体景观，还能营造出轻松、舒适的交流氛围和活动空间。

绿色屋顶能够对雨水进行充分的回收和利用，在一定程度上可减少小镇排水系统的压力。雨水通过植物和土壤层的截流过滤后，经排水系统排入调蓄系统中，废水杂质等排入污水管，干净的雨水则汇入蓄水箱，以备后期生活和景观用水所需[10]，有效提高了雨水利用率，大大减少了雨水的流失，相当符合"海绵体"的特点。

绿色屋顶的应用可促进雨水的循环利用，并减少资源消耗，是"海绵城市"理念较为有效的应用之一。在当前很多生态小镇中也得到了较好推广。

3.3.4 海绵城市可以助力产业升级

1）废弃工业用地到生态校园的蜕变——基于海绵城市的雨洪管理

塞勒姆州立大学校园内新增的湿地走廊景观设施由 525 小块湿地组成，这些小湿地将校园的景观与毗邻的湿地滩涂系统重新连于一体，营造出一处环境清新的休闲开放空间。同时，这些湿地走廊景观设施也改善了其所在场地的排水状况，促进了大学校园的整体生态健康⑦。

项目场地起初是西尔瓦尼亚一处急需整治的工业用地，尽管传统的地下雨水系统可直接将雨水倾入沼泽，但仍存在排水问题，当地的土壤质量低下无法保障植物的生存。于是，当地建设了南部"沼泽庭院"，庭院由一个倾斜的绿地休闲广场和一个 180 英尺（1 英尺≈0.305m）长的生态草沟组成，收集园区雨水，并汇集流向湿地，校园的设计就沿着一条连接庭院和沼泽的中心街道来展开。

庭院平台及相邻广场的雨水都流入直线形生态草沟，其中填满了本地牧草、灯心草和多年生的草本植物。淤泥和污染物会在这些直线形生态草沟里被过滤掉，大部分雨水重新渗回地面，无法渗透的雨水则沿着湿地走廊缓慢进入沼泽湿地内部。

庭院另一侧的倾斜草坪可以为人们提供休闲空间，促进土壤健康，还可以在非常大的降雨来临时临时提供持水性，并改善现场排水功能。

2）海绵城市——特色小（城）镇旧与新、历史与未来的桥梁

特色小（城）镇往往是旧与新、历史与未来的结合。建设一个生态型特色小（城）镇，需要通过利用"海绵单元"建设公共绿地、屋顶绿化、广场道路与滨水空间等水生态基础设施，完善小（城）镇的"雨水系统"；还要通过对小（城）镇整体水生态进行系统规划，衔接新老片区之间的水循环，来实现整个片区水系统的良性循环，提升周边整体生态环境，力求小（城）镇内部与外部环境的同步生态化，强化小（城）镇"特色"，以此满足小（城）镇"特色"产业、"特色"人群和"特色"功能的需求[10]。

特色小（城）镇的建设是为了推进新型城市化发展与产业升级。通过"海绵城市"对小（城）镇的生态系统进行更新提升，营造一个能发挥创新和创造力的生态环境，为"小（城）镇居民"提供良好的创业创新的空间，以此吸引具有创新精神与专业知识或传统工艺文化的特定人才，有助于小（城）镇发展智力密集型的新兴产业或文化密集型的特色传统产业。

3.3.5 小结

海绵城市的建设不是简单的植入与效仿，特色小（城）镇需要结合自身区域背景和自然环境特征，借助自身发展规模和发展阶段的优势，从空间规划到场地布局再到建筑设计，更好地将低影响开发措施运用到城市建设中，践行海绵城市的建设理念，成为未来城市水生态平衡的领跑者。

3.4 智慧空间，用智慧技术让小（城）镇更美好⑧

千百年来，从柏拉图的"理想城"到莫尔的"乌托邦"，人类从未停止对未来城市的想象。在中国，1978年出版的《小灵通漫游未来》让无数读者对书中提到的"未来市"满怀憧憬。这本科幻小说的主人公小灵通穿越到未来，见识到了可以远程视频通话的塑料盒子、会和人下象棋的机器人铁蛋、可以即时对违章车辆进行拍照的机器人警察等诸多未来生活的场景。现在来看，这座"未来市"尽管在技术层面已经足够超现实，但更多的是农业时代想象勾画的无限资源下的奢侈图景⑨。

那么，承载我们美好生活的"理想型"城市究竟是什么样的呢？从某个角度来说，智慧技术是最有可能实现理想城市的有效途径。

3.4.1 智慧技术、智慧城市与智慧小（城）镇

智慧技术是指将计算机、信息网络和人工智慧及物联网、云计算等技术融合在一起，以形成机器"智慧"的综合技术[14]。智慧技术的突破为城市发展提供了新的出路[15]。从 20 世纪 90 年代新加坡"智慧岛计划"的首次提出，到 2009 年 IBM 公司"智慧地球"理念的全面尝试，智慧技术在城市规划和运营中的应用从未间断。

如在 IBM 的《智慧的城市在中国》白皮书中提出了"智慧城市"的定义，即"能够充分运用信息和通信技术手段感测、分析、整合城市运行核心系统的各项关键信息，从而对于包括民生、环保、公共安全、城市服务、工商业活动在内的各种需求做出智能的响应，为人类创造更美好的城市生活"[15]。

根据 IBM 提出的"智慧地球"理念，智慧技术在城市中的应用一般分为三大类型：第一类是城市规划管理，包括公共安全、政府管理、城市规划等；第二类是基础设施建设，包括水、能源、交通等；第三类是民众生活，包括社会活动、医疗保健、教育培训等。

这三种类型在我国均已有应用实践。同时，在继续深化改革和推进新型城镇化的关键节点上，智慧小（城）镇也应运而生。智慧小（城）镇是在传统特色小（城）镇基础上，并在政策催化、要素驱动、战略指导下统筹整合小（城）镇物质资源、信息资源、智力资源，将大数据、云计算、物联网等新兴技术与小（城）镇经济社会发展深度融合，以打造智慧产业、智慧治理、智慧服务、智慧社区、智慧文化等多维智慧经济为发展目标的智慧发展新空间与新载体[16]。

对于大部分特色小（城）镇而言，融入数字化、网络化、智能化、信息化等新一代科技的智慧化改造，将是一种可预见的趋势。如何在特色小（城）镇尺度下发挥智慧城市应有的重要作用？我们将通过典型案例进行深入剖析解读，探索特色小（城）镇的智慧城市建设运营管理中可能的切入点。

3.4.2 智慧技术——指导小城市规划管理⑩

迪比克市位于美国爱荷华州密西西比河沿岸，是一座人口不到 6 万人的小城市。它是 IBM 公司提出"智慧地球"理念以来在美国与当地政府合作建设的第一个智慧城市。迪比克市的智慧城市解决方案共涉及 20 多个行业和 8 个政府及联邦部门，同时也是该市可持续发展计划的重要组成部分。

迪比克市通过智慧技术和策略的探索应用，将各类重要的城市服务系统数字化并彼此连接起来，智能化地响应市民的需求。更重要的是，这些重要数据反映了居民对城市资源和服务最真实的需求和分布情况，

这些数据的分析、整合及优化结果直接体现在了迪比克市相应的城市规划修编及政策制定上,更高效地实现了水、能源、交通运输等重要城市服务,同时最大限度地减少了对环境的影响。

1) 智慧水电监测系统

迪比克市实现智慧用水和用电的原理基本相似,我们就以用水为例来介绍吧。为了实现全市用水智能监测,迪比克市首先为市民更换了智能水表,它们实时监测着居民的用水情况,不但可以定时定点收集数据传送至专门的数据控制中心,如果哪家发生了泄露,它也可以向数据中心及泄露用户发送报警信息。

迪比克市有着一个页面简单、通俗好用的城市用水门户网站,可以清楚地看到这些实时监测数据。门户网站分为城市管理者和城市居民两个入口,对城市管理者而言,他们可以通过地理信息和大数据系统纵观整个城市的用水情况、泄露情况、泄露修复进度及可持续碳足迹等情况;对城市居民而言,他们不仅可以清晰地查询到自己每天的用水量以及相应的水费和碳足迹,还能及时接收到漏水通知减少损失,有兴趣的话还能看到与自己历史用水数据的纵向比较以及与全城用水情况的横向比较,从而对自己的耗能有着更清晰的认识,达到教育和警醒的目的。

迪比克市的智慧水电监测系统的效果还是比较明显的,据试点阶段约 300 户家庭的用水数据显示,一年期间,这些家庭的用水量平均减少了 6.6%,对漏水的及时响应度提高了 8 倍,在用电方面,也产生了类似的积极影响。

2) 智慧交通出行系统

迪比克市的公交系统曾经也很令人头疼,从 1980 年到 2010 年的 30 年间,公交里程不断增加,投入费用与运营成本不断攀升,但公交系统的实际运营效率并没有得到有效提升,改善城市拥堵的作用也很有限,迪比克市民越来越不愿依靠公交出行。2010 年,迪比克市政府决定借助智慧城市的建设,在数据分析的基础上重新设计更为科学的公交路线。

迪比克市的交通部门与 IBM 合作开发了专门的手机 APP "Insights in Motion",跨越各年龄段、收入群体及不同类型的居住社区征集了若干志愿者,通过智能手机(GPS 技术)及智能公交卡(RFID 技术),记录他们的出行时间、出行地点和出行方式,并建立数据库。以 "Insights in Motion" 获得的数据、传统 OD 调查数据以及 Airsage(位置数据分析软件)数据三方面的依据为基础进行建模分析,并通过软件进行筛选实验,在此基础上对迪比克市的公交系统进行了新一轮的优化调整。此外,迪比克市政府和交通部门还针对这些分析研究结果制定了一系列交通规划措施及政策,真正实现了低成本、低环境影响的交通出行。

3) 智慧城市技术的其他应用

垃圾循环处理方面,迪比克市的环卫部门使用 RFID 技术分别对路边垃圾和垃圾回收服务进行数据监控和收集,将这两类数据发送到 IBM

的智能垃圾管理平台，应用生态反馈技术对这些垃圾的各类数据进行可视化分析与比较，同时反馈给市民形成指导作用，更重要的是，这些数据分析的结论，结合 RFID 等技术的投资回报分析，可以直接用来指导城市的环卫工程规划，使该市的垃圾回收和转移更加科学高效。

公共健康管理方面，迪比克市政府与 IBM 及爱荷华大学公共健康学院联合开发了两款手机 APP，一款 APP 通过"微传感"技术感知市民的各类健康与运动，另一款 APP 收集市民的运动类型、健康数据、健康目标完成情况、活动地点等数据，并提供各类数据比较和分析，收集的数据及分析结果用于该市医疗系统规划、体育健康设施规划及相关政策制定。

迪比克市是美国智慧城市建设的先驱者和典型代表，城市管理者在以上各类智慧技术应用的指导下，更加切实可行地制定城市规划和实施管理政策，成功地带来城市能耗与成本的降低，碳排放的减少与环境质量的提升，城市安全及健康的改善等一系列积极影响。迪比克市智慧模型的成功应用，对 20 万人口以下小城镇的规划制定与实施，具有一定可复制的推广意义。

3.4.3　智慧技术——打造可持续生态小（城）镇

藤泽生态智慧城位于日本神奈川县中部，距离东京约 50 km，面积约 0.2 km^2，规划人口约 3000 人，它是由藤泽市政府与松下及其他 11 家公司共同合作打造的智慧小镇。松下公司的智慧城市技术在藤泽生态智慧城得到了广泛的应用，从能源技术到城市安保，从城镇层面到建筑层面再到每家每户，藤泽生态智慧城很快成为智慧城市管理在更小尺度上应用的成功案例和典范。

藤泽生态智慧城，顾名思义，它的目标是依托自然本底资源优势创造生态、智能的生活方式，建设成为一个可持续发展的智慧小（城）镇。藤泽生态智慧城的建设模式以目标为导向，依次分为智慧基础设施构建、智慧城市空间设计、智慧生活方式引领三个步骤，实现智慧社区、智慧交通、智慧能源、智慧安全等诸多方面的管理和应用。

1）智慧能源管理

人们来到藤泽生态智慧城以后，对它的第一印象通常是太阳能电池板，自家屋顶上，路灯上，停车场上，绿化带上，简直无处不在。将太阳能等可再生自然能源与能源管理的先进技术完美地结合起来，实现全城能源供需的自给自足，正是这座生态智慧城镇最大的特点。

松下公司为藤泽生态智慧城开发的能源管理模型，通过引入人工智能智慧能源网关系统（AiSEG），对能源生产、能源储存及节能的全过程有序管理。AiSEG 系统主要分为两类：一类是日常居住能耗的可视化系统，主要包括家庭能源管理系统、监测屏及智能手机等；另一类是发电、储存、节能电气设备的自动控制，主要包括太阳能板、智能空调、智能厨具等。小镇在基本实现太阳能自给自足的情况下，使全城的碳排放比正常水平降低了70%，更加难能可贵的是，在日本这个地质灾害频发的国家，万一发生了地震，储存的能源可以保证3天的电力供应，保障居民的正常生活。

2）智慧交通出行

藤泽生态智慧城的交通出行宗旨是：慢行友好的环境、环境友好的出行。在小镇，人们已经把这种友好的出行方式变成了一种约定俗成的习惯。而位于小镇中心的交通出行服务中心为市民提供专门的交通出行门户网站，居民如果想使用电动汽车或者电动自行车只要在家通过智能电视或智能手机提前预约，再拿ID卡一刷，就可以很容易地免费开走使用它们了。

电动出行最令人担心的问题是拆卸充电的繁琐和车辆没电的尴尬，为了缓解这两个问题藤泽生态智慧城实行了"电池共享计划"，实施这项计划的基础是覆盖全城的电动汽车与电动自行车服务网络规划，该计划的实施使市民可随时对电动车辆进行充电、维护和修理。在充电站，不仅可以充电，还可以进行"电池交换"，即用自己已经没电的电瓶去换取站内充满电的电瓶，更值得注意的是所有的这些服务都是免费的。

在交通出行上藤泽生态智慧城也是将"自给自足"发挥得淋漓尽致，除了车辆租赁和电池共享之外，居民甚至可以将自己的车辆也登记在小镇的车辆租赁系统中，闲时可供他人租赁，这些共享措施最大程度上提高了车辆的使用效率，减少了碳排放，缓解了小镇甚至它所在的大区域的拥堵现象。

3）其他自给自足的智慧应用

藤泽生态智慧城为居民提供了发达、全面的一站式共享网络，居民在自己家的电视屏幕或移动终端就可以轻松实现与政府或者彼此间的交流及信息共享，例如健康医疗数据共享、全民亲子活动等等，这一系列自给自足的智能网络，使整个小镇井然有序地健康发展，也真正地实现了它"生态"与"智慧"两大发展初衷。

3.4.4 小结

从以上两个案例我们可以看出，无论是对迪比克市规划管理技术指导自给自足的直接服务网络，还是对藤泽生态智慧城，智慧技术在特色小（城）镇层面的应用都是意义重大的。一方面，智慧化管理是特色小（城）镇提供便捷基础设施和服务设施，创造高品质生活的重要途径，体现了国家建设特色小镇"以人为本"的要求；另一方面，智慧技术的应用有利于能源的高效利用和生态环境的优化，也切实符合了特色小（城）镇美丽宜居、绿色引领的发展要求。

正如杭州城市宣传片中所说，"城市的智慧，不止是科技，不止是效率，它可以是清新的空气，通畅的道路……是每个人都对城市拥有期待和愿景。"⑪智慧技术不仅仅是遍布的网络和摄像头，它于生活细微处的提升，最终转化为吸引每个人的理想之城。

3.5 原乡，寄托乡愁的小（城）镇风貌⑫

随着经济社会的快速发展，愈发便利的交通条件带来的文化融合使城市面貌的地域差异性越来越模糊，加之经济发展对当地传统文化及环境的破坏，以及区域特色的流失等系列行为导致了千城一面的尴尬景象。

特色小（城）镇，作为我国新型城镇化的重要载体，无论是政策导向要求还是小镇自身发展诉求，都成为现在乃至未来挖掘地方文化缺失、打破千城一面尴尬境地的突破点。而对于一个地方而言，最引人注目的莫过于当地的建筑风貌。因此，如何因地制宜营造出特色小（城）镇的建筑形态，提升小（城）镇的发展魅力成为小（城）镇发展必须关注的重点。

而若要因地制宜地营造出特色小（城）镇的建筑形态和风貌，需要抓住三个核心点：一是如何继承并延续本土的特色建筑形态，二是如何唤起人们心中的"乡愁"以实现对历史的记忆和传承，三是如何通过融入现代元素以实现传统建筑风貌的创新与发展⑬。接下来，我们就基于特色小（城）镇本底资源属性，从传统文化、"乡愁"等入手（图 3-12），结合具体案例去分析和解读特色小（城）镇如何塑造特色建筑形态。

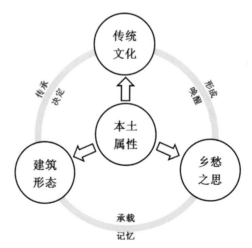

图 3-12　传统文化、"乡愁"及建筑形态三者的联系

3.5.1　特色小（城）镇要体现在地性的传统文化

不同地域的人们在漫长的历史长河中形成了各自独特的民俗风情、

生活习惯，这些传统文化要素体现在当地的建筑元素中，会孕育出符合本土文化特色的建筑形态，这些建筑所体现的特征也是对当地文化的一种继承。而在将传统文化注入当地的建筑风貌方面，希腊圣托里尼小城可谓灵魂典范。

圣托里尼小城整体建筑风貌是典型的地中海风格。它位于希腊大陆东南部 200 km 处的爱琴海上，底座是火山群，建筑多为白色。从远处看，整个小镇就像一座在蔚蓝的天空与大海的环绕下，由暗红色的底座托起的白色城堡[17]。这让人不禁联想起商店里深受欢迎的水晶球，也许水晶球的浪漫灵感正源自于此呢。我们拉近镜头来细看小岛的全景，就会看到一幅油画（图 3-13），画中一排排的白色房屋随着火山断崖的地势高低错落，排排相依，同时还点缀着一些蓝色、红色、橘色[18]……

图 3-13　沿火山断崖错落有致的房屋

而从建筑空间形态来看，圣托里尼的建筑又是灵活多变的。圣托里尼当地的建筑彼此之间最明显的区别当属其屋顶形式了，这里的屋顶主要有三种（图 3-14）。一种为平屋顶，常见于民居、餐馆、商铺、旅店等。这种屋顶形成来自于当地居民传统的生活方式，可以充分利用地形高差作为露台、休憩、娱乐的空间，大大丰富了岛上的可活动空间[19]。

图 3-14　圣托里尼岛的拱顶、穹隆顶建筑

另一种为拱顶结构，主要用于民居、酒店、教堂等建筑。圣托里尼岛自古以来就有着独特的穴居文化，拱顶建筑正是源自于此。由于当地缺乏建筑材料，最新来到这里的人们便在比较松软的中火山灰层凿洞而居，形成了传统的岩穴式窑洞。随着时代的发展，这种岩穴式窑洞已经难以满足现代人的生活需求，于是另外一种地面建筑应运而生，取代了岩穴式窑洞。地面建筑继承了岩穴式窑洞的空间形态，最为典型的就是门和窗的布置，所有建筑只在一面墙设门和窗，其余墙面依据洞壁形式而建[20]。

圣托里尼的建筑屋顶还有一种就是穹隆顶，常见于教堂之中。穹隆顶有大有小、有白色有蓝色，其中最为出名的当属圣母玛利亚教堂的蓝色穹隆顶了。蓝天浩海之间，平顶、拱形顶、穹隆顶一起组成的建筑群赋予了这里更多的活力与魅力，吸引着络绎不绝的八方游客。

图 3-15　由火山灰、石头等砌筑的建筑

而且，圣托里尼的建筑是采取独特的建筑材质。人们长期生活在一个区域，对当地传统的材料有着深刻的认知，不仅体现在视觉上，也体现在触觉和嗅觉方面，例如建筑材料特殊的肌理、颜色、气味等等。圣托里尼岛上的建筑多以火山石材料建造，兼有火山灰、石头、黏土、水泥等当地材料（图3-15）。这些材料虽然普通、粗犷，但其筑就的建筑形态却与周边环境相协调。这种根植于当地建材的建筑，也为我国保护环境、尊重传统文化带来了一定的启示。

3.5.2　特色小（城）镇要承载起"乡愁"

如开篇所述，因地制宜营造小（城）镇建筑形态还需要唤起人们心中的"乡愁"，以实现对历史的记忆和传承。而人们心中的"乡愁"又是通过还原某些特定"场景"的刺激来唤起对所熟知事物的记忆，例如他们童年时住过的祖屋，走过的乡间小路等等，这些往往都会勾起我们小时候的记忆，成为我们寄托乡愁的精神"场所"。位于巴蜀地区的松溉古镇就不乏这样的"场所"，镇里的建筑不仅承载了当地厚重的历史与文化，体现了当地的自然特色，还从多个角度承载了巴蜀人民满满的"乡愁"。

首先，松溉古镇尊重历史，其建筑空间场所的营造延续了地方历史文脉。巴渝民众"性轻扬、喜虚称"的出世思想以及具有简、恬、勤、拙的品质，使得当地传统建筑具有很强烈的自然原生性[21]。当地丰富的民俗活动，在古镇形成了众多的民族文化场所，如会馆、祠堂、宫庙、茶铺、戏楼等，其建筑形态自由奔放而又不失稳重。其中，罗家祠堂始建于乾隆四十年（公历1775年），受明代皇帝御批而造，是巴蜀、云南、贵州三地的罗氏总祠（图3-16）。作为三地总祠，此处无疑是乡愁浓缩之地的代表了。每逢清明，罗氏后人集聚于此祭祖会亲[22]。民国期间受战事影响，正祠部分受损。2007年，在罗氏名人的倡导、政府的支持下，正祠在原貌基础上得以修复，2千余人前来祭祖。近年，其戏台也已逐步修葺，宗祠全貌得以完整展现。近三百年的宗祠，这对4万多罗氏后人是多大的骄傲与自豪啊。

图3-16　松溉古镇的罗府祠堂

其次，松溉古镇尊重文化，其建筑空间格局的营造保护和弘扬了地方传统文化。当地的宗教文化对建筑形态有重要的影响。古镇的宫庙建筑多符合宗法礼教的中轴对称原则，例如清洁寺就采取了四合院的布局形式。虽然有些建筑形态由于自然环境、经济水平等多方面因素的限制，受到不同程度的影响导致变形，但整体的建筑形态趋势还是以对称为主。

最后，松溉古镇尊重自然。一方面，古镇依山就水而建，自然天成不落人工。松溉古镇地处丘陵地区，西、北、东三面环山，且紧邻长江，三条溪沟贯穿东西，水运交通发达。于是，古镇依据山势和水形，进行了整体布局，街道蜿蜒曲折、起伏有序，房屋依地形而建，形成错落有致的空间层次[23]。这样随性自然的江畔小镇也孕育出洒脱自然的人民，看看著名影星、奥斯卡奖评委陈冲就知道了。另一方面，古镇以建筑小品及设计元素，提炼和构建了山水脉络式的独特风光。古镇的建筑材料都取自当地，多用石头、竹子、木材等天然材料，不仅使建筑朴实自然，还能与周边的自然环境相互协调，更重要的是，这些本地材料还能体现独具巴渝特色的建筑形态。这些特定元素传达的信息其实是记忆深处特别的情感体现，也是唤起"乡愁"的重要手段。

3.5.3　小结

营造各具特色的建筑形态是对当地传统文化的传承，同时也是唤起"乡愁"的重要因素。特色小（城）镇在建筑形态上的控制不光要注重本底自然属性和与时俱进的技术手段等的利用，更要注重与传统文化的结合，以营造具有人文气息的小（城）镇空间。

3.6　小（城）镇社交，小（城）镇里的公共空间⑭

公共空间是一个小（城）镇最能展现其特色、最富有活力的地方。小（城）镇公共空间的打造不但可以满足本地居民高品质生活的需求，留住因产业发展而带来的外来人口，同时更能增强外来游客对小（城）镇公共空间的认识与感知，提升小（城）镇的知名度。

如果将具有公共空间属性的场所作为居民步行公共空间的出行目的地，并对居民最希望去的公共开放空间进行数据统计之后，那么我们不难发现，居民对于商业街或饮食街、广场、滨水活动场所、公园、街头休闲绿地、运动场所的出行意愿指数最高（图3-17）。当然，我们也可以将居民最喜欢的公共开放空间根据其空间形态进行分类，即绿色空间、广场空间、运动空间以及线性街道空间（图3-18）。围绕这几类公共空间形式，不妨进一步探讨一下小（城）镇如何打造自己的社交空间。

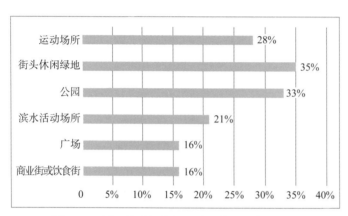

图 3-17 居民最希望去的公共开放空间意愿调查

图 3-18 公共开放空间类型

3.6.1 绿色开放空间，如何做到有人气

每个小（城）镇都有自己的绿色开放空间，然而要让规划图纸上这些美丽的绿色空间在现实中真正"有高人气"却并非易事。接下来，我们将以美国洛杉矶圣塔莫尼卡小镇的 Tongva 公园为例，看看这个小（城）镇公共空间是如何让绿色开放空间做得有人气的。

很难想象 Tongva 公园在开发之前实际是一片纵横交错的沟壑而且还有高速公路从一旁斜穿而过。尽管基础条件颇为特殊，然而公园在开发时却巧妙地结合高低错落的地形以及城市的空间肌理，形成了流线状的道路系统（图3-19）。而伴随着这条特色路网建设，一个从市政府门前延伸至大海的绿地系统也随之布置开来[24]。公园建成后，位于城市中心的 Tongva 公园不仅成为当地居民最受欢迎的生活目的地，更是吸引了众多旅行度假的游客到此体验。Tongva 公园的建设既考虑到了趣味公共空间的塑造，又兼顾了生态系统的恢复。可谓一举两得的精致空间之作！

图 3-19　Tongva 公园平面图与局部鸟瞰图

　　在趣味空间的塑造上，公园内部依据功能空间的差异形成四座主题鲜明的"山丘"，分别为花园山丘、探索山丘、瞭望山丘和聚会山丘[25]（图 3-20）。首先，花园山丘由一系列内凹座椅区和私密花园空间构成，依托内部蜿蜒曲折的道路，给居民及游客带来步移景异的感受。同时，本土化的植物随着季节变迁形成丰富多彩的季相变化。其次，探索山丘是专门为城市中的儿童设计，在成荫的绿树丛中布置有滑梯、游戏设施、水景等游乐设施，激发青少年的探索热情。再次，瞭望山丘地势较高，由小桥串联起的瞭望台是眺望海景和周边街区的最佳地点，而公共停车场和公共卫生间巧妙隐藏在山丘下方，并结合周边环境布置大量休憩生活设施，供居民及游人聊天歇脚。最后，聚会山丘有一个被阶梯状座椅区环绕的巨大多功能草坪，草地之上设置有极富艺术感的景观雕塑，为来此聚会的居民及游客带来惬意的生活气息。

图 3-20　Tongva 公园的四大山丘

　　在生态系统的恢复上，Tongva 公园可谓是用心至极，分别从种植、可持续性两大方面严格把控。

　　在种植方面，公园在尽量保留了场地原生植物的基础上，大量地引入可以在加州以及类加州环境下生存的植物来进行绿化改造，最终形成的大面积的草地与花园无疑十分有利于局部小气候的改善以及生态系统的恢复。同时，Tongva 结合各类植物的生长特点与季节变化，对其进行了合理的搭配，保障在不同的时间、空间上，均有景可赏。例如，游人既可以在 6 月份于聚会山丘上看到深绿的草坪，也可以在 12 月份于花园山丘上捡到黄色的灌木叶。

在可持续性方面，Tongva 公园多角度切入，水、能量、材料，甚至人体健康均有照顾到。在水的利用上，Tongva 公园将损耗控制在了不可避免的水蒸发上。公园内部植物的灌溉水取自于小镇上的污水回收设施，而没被植物吸收的灌溉水与雨水又储存于地下的湿地系统。景观水利用后也流入储水区，供给海洋馆使用。在能量的利用上，Tongva 公园借助节能灯等手段将园区的主要消耗——照明能耗控制在了最小值。在材料的利用上，公园通过对本地植物、本地石材、可回收产品、低挥发性涂料等的利用减小了对环境的破坏。最后，在人体健康的考虑上，公园在完善的物理设施基础上提升了社会的可持续质量。这听起来可能有点抽象，用一个情境描述也许就更好理解了——公园内部丰富的开放空间非常适合活动或者沉思，散步道可以促进运动，瞭望山丘适合深思，这完全就是从身体和心理需求两方面全方位地照顾到了小镇人民的健康。

在开发改造之前，Tongva 公园仅仅是一个了无生趣的停车场，并没有什么可活动的利用空间，原先的生态系统也受到了一定程度的破坏。在后期的设计改造中，Tongva 公园借助丰富多样、主题各异的公共开放空间，为圣塔莫尼卡小镇注入了人气。同时，公园又通过本土化植被的引入和绿地空间的打造，成功地恢复了当地的生态系统，最终让居民更好地享受到了健康的生活。

3.6.2 街道＋广场，如何上演一场精彩的合奏

说起街道与广场，大家可能会回想起本书第 2 章里所提到的法国尼斯的英国滨海大道。在那里你既可以在滨海大道上闲庭漫步，还可以在沙滩广场上晒太阳补钙、唠嗑话家常……可谓是惬意至极。与之同富盛名的是斯洛文尼亚韦莱涅（Velenje）小镇的 Promenada 步行街区。

韦莱涅是斯洛文尼亚北部的一座新兴小镇。这座小镇诞生于二战后，采用现代园林城市的设计理念作为指导。随着时代的发展，小镇也面临城市振兴的难题。为了吸引逆城市化过程流失的居民以及外来人口，城镇需要进行改造。既要打通封闭的交通模式，又要提供更为丰富的城市公共空间，还要为城市带来新的活力。位于城镇中心区的 Promenada 步行街区成为其改造首要考虑之地。

改造之前，Promenada 步行街区范围内的城市道路以车流空间为主体，宽大但乏味，仅仅体现通行的作用。改造成步行街区后，行人和社区生活成为了街道空间的主体，更多面对面式的交流发生在 Promenada，这一街区被赋予了更多内容和意义。

具体的改造实施过程中，Promenada 步行街区将街道与广场完美地结合了。首先，街道采用折线状的路径设计，有缩有放，不仅让道路变得活泼有趣，凹凸有序的街道空间还创造出大量的小型休憩和停留广场。借助一些行道树、景观灯、石凳……这些空间有效地放缓了行人的脚步，为其步行体验塑造了良好惬意的氛围。

其次，在街道遇见河流的地方，Promenada 打造了阶梯式的滨河休闲景观带与滨河剧场。这样的处理，使这里一下子成为小镇中人气爆棚之地。一方面，它通过台阶适应水流，巧妙而有趣地让沿河步道适应了因季节水位升降而缩放的变化。同时，当你行走在岸边可以站在不同高度的台阶远眺时，谁不会为同一身高却能看到同一景观在不同高度下的美丽而心里美滋滋呢？另一方面，每当夜晚，它还可以搭配灯光来一场舞台剧场表演，丰富人们的夜生活。这一引无数青年为之折腰、为之欢呼的舞台活动恰恰就是一个地方活力迸发的表现。

再次，在居住街区建筑与曲折街道之间的开敞空间节点处，形成了社区活动中心广场。中心广场借助设计好的沙土与草坪植被，在丰富地表景观、提供更多柔性活动场所的同时，还为小镇提供了可开发空间，以满足未来周边建筑空间拓展或者新建筑开发的需求。

最后，尽管小镇用地空间富裕，然而车辆不断增多的形势下，Promenada 步行街区仍搭建了地下停车场。位于小镇中心的步行街区并不适合配置停车场，人们常常将车停放到远处，然后走到城镇步行街去购物、闲逛、聊天、办事[26]。如果能在小镇步行街内配建一个停车场，这无疑就像游戏里的英雄得到了铭文的加成，其属性、功能、魅力将得到大幅的提升，吸引更多人的关注，成为耀眼的存在。Promenada 步行街区的地下停车场以类似周边建筑的金属外墙遮住部分内部空间，与周边建筑、植被相融合。在不破坏花园城市形象的同时，地下停车场实现了不占用地表绿化空间而增加了车位数的需求。

Promenada 步行街区通过曲折多变的街道空间和转折点处的广场空间设计，为在此休闲和办事的行人提供了步行空间，同时还巧妙地为其供应了临时休息与欣赏美景的驻足之地。Promenada 步行街区让公共空间变成了居民社会生活的大舞台，体现和满足了居民对于美好生活空间的向往。

3.6.3 运动空间，如何巧妙释放小（城）镇活力

分析完绿色空间、街道＋广场空间，我们再看看运动空间如何才能更吸引人。哈泽斯莱乌的 Street Dome 体育公园就是这样一个引人瞩目的、充满多样可能性的运动空间。

哈泽斯莱乌是丹麦南部的一座小城，城市充分考虑了自身自然环境条件及当地居民体育运动的实际需求，建设了 Street Dome 体育公园。在

项目开发中，Street Dome 体育公园以极限运动与街头运动设施为主，包括滑板、街头篮球、跑酷、攀岩、轻艇水球等运动休闲项目[27]。在空间设计上，Street Dome 兼顾景观环境建设与街头文化的特定需求，将内部建筑、场地、小品等元素自然衔接，形成了连续多样的公共空间，为健康锻炼者提供有趣的日常健身活动。Street Dome 体育公园涵盖了一个 4500 m² 的混凝土打造的室外滑板场地，以及一个与其衔接的 1500 m² 的蘑菇状冰屋运动场。

首先值得一提的是 Street Dome 体育公园的室外滑板场。这个滑板场的奇妙之处就是它的每一个障碍物，以及地面的弧度都是经过设计师的精心计算而布置的。我们都知道，极限运动的一大乐趣就是其带来的韵律感，而这些巧妙的障碍物与弧度无疑就是韵律感的最佳保障。无法想象，如果可以在这里滑滑板或者自行车跑酷，那将会有怎样的韵律体验与运动快感。再看一眼运动的人儿，通过他们几乎冲出镜头的运动姿势，你是不是已经感受到了他们心头的酣畅淋漓呢。

Street Dome 体育公园的冰屋运动场则是另一个重要活动空间。这个冰屋运动场本质上是一个多功能的文化中心，内部包括儿童活动场地、"慢空间"步道、攀岩壁、健身场地等，可以提供众多的娱乐康体活动。这些活动吸引着不同年龄段的运动者共聚于此，满足他们的运动和社交需求。这里的室内空间是与外部的滑板场地相通的。技术精湛的滑板高手完全可以从室内直接滑到室外，也可以从室外闪进室内。这样的场地不正是滑板达人向往的炫技之地吗?!

可以说，Street Dome 体育公园是一个开放的操场空间和社交场合。公园的建立为城市社区生活树立了新的无序运动标准，使得运动与健身不再被约束在特定的场所空间内，激发了使用者对于空间想象的无限可能。与此同时，Street Dome 体育公园结合街头文化的包容性和创造性，形成了富于变化、无序流动的健康运动空间，大大增加了运动在社区生活中的比例，充分发挥了公共空间的社会公益性。

3.6.4 小结

城市公共开放空间是人们社会生活展示的舞台，它们的形象直接影响市民大众的心理和行为，同时也是提高城市知名度和美誉度的"点睛"之笔。小（城）镇建设不仅要注重产业平台的搭建，人性化的城市公共开放空间和有凝聚力的社区认同感更是小镇需要建设的软环境。未来特色小（城）镇的发展应充分考虑开放空间的设计和规划，塑造出空间结构布局巧、居民使用效率高、生活环境质量好的人性化公共场所。

第 3 章注释

① 第 3.1 节作者为彭少力、叶志杰，沈惠伟、杨嫚修改。原文《特色小镇：滨水空间的开发与利用》，发表于南大规划北京院公众号（njuupbj）第 20170106 期。

② 第 3.2 节作者为胡正扬，沈惠伟、杨嫚、陈易修改。原文《特色小镇应该是步行者的天堂》，发表于中法中心北京中心公众号（gh_64de1806585f）第 20161218 期。

③ 参见 Arlington County Virginia Government "Walk Arlington"。

④ 参见科学网 / 黄安年：《东京银座掠影》。

⑤ 第 3.3 节作者为荆纬、叶志杰，沈惠伟、杨嫚、陈易修改。原文《海绵城市——特色小镇基础设施建设的必然选择》，发表于南大规划北京院公众号（njuupbj）第 20170104 期。

⑥ 参见搜狐网 / 张振鹏：《特色小镇建设的"五小五大"原则》，2017 年 11 月 9 日。

⑦ 参见 HONOR AWARD.2014 ASLA Salem State University–Marsh Hall（塞勒姆州立大学 – 湿地走廊），gooood 谷德设计，2014 年 12 月 30 日。

⑧ 第 3.4 节作者为叶志杰、胡正扬，沈惠伟、杨嫚修改。原文《特色小镇：应用智慧城市技术，打造高效便利的小镇网络》，发表于南大规划北京分院公众号（njuupbj）第 20170123 期。

⑨ 参见三联生活周刊 / 李大刚：《智慧城市，可以实现的人类乌托邦》，2018 年 8 月 24 日。

⑩ 参见迪比克市政府官网。

⑪ 参见吕银博：《文创旅游小镇建设设计策略初探》，学术论文联合比对库，2017 年。

⑫ 第 3.5 节为作者叶志杰、彭少力，沈惠伟、臧艳绒修改。原文《特色小镇：因地制宜营造建筑风貌，提升小镇发展魅力》，见南大规划北京院公众号（njuupbj）第 20170120 期。

⑬ 参见《杭州智慧城市宣传片》。

⑭ 第 3.6 节作者为荆纬，沈惠伟、臧艳绒、陈易修改。原文《特色小镇：公共开放空间品质的提升与优化》，见南大规划北京院公众号（中法中心北京中心）第 20170113 期。

第 3 章参考文献

［1］王萌. 结合自然景观的小城镇滨水堤岸设计—以法国小镇安纳西为例［J］. 小城镇建设，2005（3）：100-101.

［2］李忠. 城市考察——图解世界最美城市［M］. 北京：世界知识出版社，2015：61-62.

［3］孙洁. 被上帝忘记时间的英国乡村：伯顿水乡［J］. 人类居住，2017（5）：46-49.

［4］应云仙，傅盈盈，梅舒妮. 绍兴柯桥"人水"关系重构［J］. 城乡建设，2017（1）：54-55.

［5］蒋娟娟，蒋建武. 城市滨水空间亲水性设计［J］. 中外建筑，2009（10）：98-99.

［6］刘岳坤. 城市滨水空间亲水性设计策略［J］. 安庆师范学院学报（自然科学版），

2016（02）：111–123.

[7] 仇保兴. 海绵城市（LID）内涵、途径与展望[J]. 给水排水，2015（3）：7.

[8] 李永昌. 济南市佛慧山山体公园海绵城市规划建设研究[D]. 济南：山东大学，2016.

[9] 李志启. 何为海绵城市[J]. 中国工程咨询，2015（6）：70.

[10] 白明明，陈园，刘世华. "海绵城市"理念下的特色生态小镇[J]. 园林，2017（1）：19–22.

[11] 张海龙. "海绵城市"理念下的特色小镇的生态建设分析[J]. 绿色环保建材，2018（10）：228–230.

[12] 北纬31度：神奇的世界十大奇观[N]. 新科幻（科学阅读版），2013-02-15.

[13] 济宁. 绿色屋顶[N]. 污染防治技术，2010-10-20.

[14] 郑永民. 解析智慧技术与智慧城市[J]. 中国信息界，2010（11）：38–41.

[15] 沈明欢. "智慧城市"助力我国城市发展模式转型[J]. 城市观察，2010（3）：140–146.

[16] 于业芹. 智慧小镇建设：动因、要素与定位[J]. 荆楚学刊，2018（3）：31–35.

[17] 杨茂川. 蓝白印象——与环境浑然天成的希腊圣托里尼岛建筑[J]. 创意与设计，2010（1）：74–77.

[18] 叶炜，方琳，杨亮. 爱琴海物语——圣托里尼岛风情[J]. 宁波通讯，2013（2）：56–59.

[19] 赵天逸，段渊古. 依境而生的岛屿乡土小镇村落文化——以希腊圣托里尼岛建筑艺术形式为例[J]. 艺术百家，2015，31（S2）：87–90.

[20] 陈玲. 现代化的传统：从希腊圣托里尼岛洞穴房想到的[J]. 装饰，2014（5）：62–63.

[21] 王早，周丁. 松溉古镇建筑形态与文化研究[J]. 美术教育研究，2012（17）：158–159.

[22] 邓明珠，何力. 永川松溉：一品古镇千年沧桑[J]. 红岩春秋，2014（8）：52–54.

[23] 魏晓芳，赵万民. 松溉古镇山地人居环境建设的街区街巷空间解析[J]. 小城镇建设，2009（10）：90–96.

[24] 安吉史·密斯，蒂姆斯·推特·波特，邝嘉儒. 美国加州童格瓦公园与肯·詹瑟广场[J]. 风景园林，2014（2）：34–43.

[25] 钟恺琳. 起伏的山丘，加州海滨小城城市公园[J]. 房地产导刊，2016（11）：78–81.

[26] 张俊芳. 北美大城市中心区步行街区的发展与规划[J]. 国外城市规划，1995（2）：43–47.

[27] Jacob, Mikkel Frost. 丹麦冰屋运动场[J]. 设计，2015（8）：34–35.

第3章图片来源

图3-1、图3-2源自：蓬特韦德拉，la ville qui marche.

图3-3至图3-5源自：Arlington County Virginia Government "Walk Arlington".

图 3-6 源自：搜狗百科 / 羊角村．

图 3-7 源自：李永昌：《济南市佛慧山山体公园海绵城市规划建设研究》，参见学术论
　　　文联合比对库，2016 年 11 月 28 日．

图 3-8 源自：住房和城乡建设部：《海绵城市建设技术指南——低影响开发雨水系统
　　　构建（试行）》．

图 3-9 源自：搜狐网：《海绵城市：做会呼吸的彩色路面》．

图 3-10 源自：搜狐网：《三个外国案例告诉你如何激活城市活力》．

图 3-11 源自：360 图片网站．

图 3-12 源自：叶志杰、彭少力绘制．

图 3-13 源自：江西康辉旅行社官网．

图 3-14 源自：36992 纯色壁纸官网．网易官网等．

图 3-15 源自：王遥驰．圣托里尼：蓝白色的童话世界［J］．走向世界，2015（44）：82-
　　　85．

图 3-16 源自：探路侠网站．

图 3-17、图 3-18 源自：荆纬绘制．

图 3-19 源自：360doc 官网．

图 3-20 源自：景观中国网站．

4 精心治理，小（城）镇更应是共享众创的平台

4.1 小（城）镇运营：从客体、主体到收益的三大转变[①]

区别于以往单一由政府推动的城镇化模式，在新型城镇化背景下成长起来的特色小（城）镇，其发展之路充满了浓厚的市场经济色彩。

自2016年国家三部委联合发文要在全国大力培育和建设特色小（城）镇以来，各地就以地方政府强大的行政力量为主导，撬动了小（城）镇第一阶段的发展。由于缺少运营企业的入驻，各地政府仍是特色小镇的实际运营者。但随着特色小（城）镇的不断开发和建设，地方政府无论是在人力、财力、物力，还是在专业技能水平上，都出现了运营和治理乏力的现象。为充分调动起政府、市场、社会等各方力量，近年来出现了PPP等政企合作模式在特色小（城）镇上的应用，并逐渐出现了以企业为主体的运营模式。那么，特色小（城）镇到底该由谁来运营？运营什么？又该如何运营？随着运营主体的变化，特色小（城）镇的运营客体和收益模式又发生了什么样的改变？以下，我们就将从特色小（城）镇运营的客体、主体到收益的三大转变来展开探讨。

4.1.1 小（城）镇运营客体从土地依赖转变为以产业为主导的综合体系

在我国快速城市化期间，随着国有土地使用权市场化改革，使得原本无法进入流通领域的土地作为最具活力的要素资源活跃在城市经济体系中，并最终成为城市经营的主要对象，以及政府主要收入来源之一，即所谓的土地财政。然而，随着土地资源低水平、低成本的流通，各种经济、社会问题层出不穷，土地财政这种模式的弊端也日益显现。与此同时，伴随着近年来国家对地产行业政策限制的不断加大，越来越多的开发商、地产商不得不积极寻求转型，开始向城市运营和产业运营领域进军，除了进行土地开发，还要建设与之配套的服务设施、打造特色产业项目、进行旅游项目开发以及房产开发，在此基础上进行产业整合与运营整合。在这种背景下，特色小（城）镇的运营客体要改变以土地为重的现状，运营客体的选择应该符合当前背景。

对于小（城）镇而言，特色小（城）镇真正的"特"是在产业上。要使一个小（城）镇真正可以持续健康地运营下去，最重要的还是要以产业发展为核心。若特色小（城）镇仍一味追求土地收益，以不可再生的土地资源作为小（城）镇运营的客体，势必会出现后续发展无力，甚至断代的局面。因此，小（城）镇必须去房地产化，其运营对象（即客体）必须由土地转为产业，小（城）镇只有构建起健康的产业链及完善的产业体系，才能获得旺盛的生命力和源源不断的收益，形成一个良性的发展循环。

特色小（城）镇作为一种新型城镇化模式，不仅仅是产业升级和优化的载体，也不仅仅是传承文化和打造文旅的空间，更是承载人们交流、居住、生活的社区。产业是特色小（城）镇的核心，并不意味着特色小（城）镇的开发建设是单一的产业项目。一个完整的特色小（城）镇，一定是一个以人为本的、产业结构合理的、生态环境优美的部落。因此，特色小（城）镇的发展还要力促"三生"（生产、生活、生态）融合，除了土地、产业的生产功能外，特色小（城）镇还要完善文化旅游、公共服务等生态生活功能。因此，特色小（城）镇的去房地产化并非意味着要完全与土地脱钩，而是要在合理利用土地资源的基础上，打造产业特而强、功能聚而合、形态小而美、机制新而活的新型城镇化平台。因此，特色小（城）镇的运营客体应当从以土地为重转变为以土地为基础、以产业为主导、以文旅和公共服务为补充的综合型运营体系（表4-1）。

表4-1　特色小（城）镇的综合型运营体系

	土地	产业	文旅	公共服务
定位	基础	主导	补充	补充
内容	土地一级、二级开发	产业服务、金融服务、活动服务、商务服务等	旅游营销、品牌培训、景区管理、信息服务、安全管理、数据统计	一般性生活服务、高端定制服务、其他服务
运营机构	地产开发商	产业运营商	旅游运营商	政企联合

4.1.2　小（城）镇运营主体从政府主导迈向市场主导

随着市场逐渐取代政府在资源配置中的决定性作用，城市的运营主体也在慢慢发生转变。从一开始由政府主导城镇的开发建设与运营管理慢慢转变为由政府引导、企业为主体、市场化运作的发展模式，这一转变主要是源于城市发展理念和开发建设主体的转变[②]。

小（城）镇发展的轨迹，实际上也需要经历从政府主导、政企合作到市场主导的转变过程。根据小（城）镇运营中治理的主导方不同，可以将运营模式划分为以下四种，即政府主导模式、政企联动主导模式、企业主导模式和非营利社会组织主导模式。

1）政府主导模式

政府主导的运营模式往往是由当地政府投资，对小镇进行统一的规划开发和运营管理。政府主导运营模式下，不仅要求当地政府拥有较为雄厚的财政能力，以保证小（城）镇后期运营管理资金链的正常运转，同时也要求政府拥有较强的把控力和对市场的感应力。随着市场经济的渗透和国家政策的加强，这种模式下的特色小（城）镇发展出现了一些弊端。

政府为维持小（城）镇的正常运转面临着较大的财政压力。在压力无法转嫁的情况下，政府会自然而然地将小镇转为吸引投资的平台来进行运营，而忽视对小（城）镇产业的引导和规范，这使得小（城）镇后期的发展可能会偏离轨道。此外，一些地方政府为了迎合国家政策对特色小（城）镇的激励和推动，而开始将特色小（城）镇作为其政绩提升的重点工作。大肆规划建设特色小（城）镇，甚至出现运动化倾向。既脱离了当地的实际发展情况，也背离了国家鼓励特色小（城）镇发展的初衷。

为规避上述系列弊端，逐渐出现了政府和企业联动发展的特色小（城）镇运营模式，以兼顾政府对小（城）镇的引导作用和市场对小（城）镇的主导作用。在政企联动的主导模式下，政府负责特色小（城）镇的整体发展思路、发展定位、战略规划、基础设施建设以及相关审批服务；而企业则在政府的引导下对特色小（城）镇进行投资建设，并在政府规定的期限内对特色小（城）镇进行运营管理。这一所有权与经营权分离的模式有利于缓解政府的财政压力，可以很好地弥补政府对市场感应能力不足的问题。

2）政企联动主导模式[③]

由政府主导逐渐转变为政企联动运营模式的较典型案例莫过于浙江的玉皇山南基金小镇。小镇位于西湖风景区南端，坐落于南宋皇城遗址的核心区。北靠风景秀丽的玉皇山，南依浩荡奔流的钱塘江，具有非常好的自然生态环境。然而，玉皇山南基金小镇并非是养在深闺人未识的天生丽质，而是经过政府的一系列改造升级，才成为今天诸多基金小镇中的翘楚。

玉皇山南基金小镇所处位置原为陶瓷品交易市场，交通落后，街道杂乱，设施陈旧，环境恶劣。2007年，杭州市政府提出创建杭州山南国际设计创意产业园的构想，并开始全面展开玉皇山南的综合整治工程，对该区域的旧厂房、老仓库、旧民居和城中村等进行全面集中改造，通过产业发展的手段带动城市更新。随后，杭州市政府又引入一些文化创意企业入驻该地区，实现了产业改造升级的第一次尝试。随着文创产业逐步成为该区域的主导产业，相较过去以低端商贸业为主的产业结构，园区的产值发生了翻天覆地的变化。

为保证杭州山南国际设计创意产业园的持续发展，杭州市政府又有意识地引进了一批投资基金公司，并制定出一系列政策文件来保证园区资金链的稳健发展，如推出无形资产担保贷款风险补偿基金、文创产业转贷基金等文创金融产品。基于良好的投资环境，一批金融投资企业陆续跟进，形成了创投产业园区。以基金产业为代表的金融企业的入驻，实现了园区产业转型升级的第二次尝试。

2014年，搭乘浙江省创建特色小（城）镇的浪潮，玉皇山南基金小镇产业规划通过评审，小镇产业又开始从文创向私募基金过渡，并逐渐升级为全国第一家以基金产业为龙头、文化创意和休闲旅游齐头并进的产业小镇。

就这样，玉皇山基金小镇在当地政府的大力扶持下慢慢成长起来。但为了保证小镇迎合市场需求，推进小镇的持续健康发展，小镇的运营还有待市场力量的加入。因此，在玉皇山基金小镇的运营上，杭州市上城区政府采用了"政府＋新型运作主体"的运营机制。首先，上城区政府成立了杭州市玉皇山南基金小镇管理委员会，主要为入驻机构提供硬件设施、政策配套、软件服务、生态环境等。同时，政府还委托基金行业龙头企业和代表性机构作为小镇的运营主体，进行"产业链招商"和"生态圈建设"，开展专业化运营，充分发挥行业协会与龙头企业的引领作用，有效带动小镇企业的快速积聚和产业的整体发展。

3）企业主导模式

随着全国特色小（城）镇的发展和探索，小（城）镇运营模式也在不断演化，逐渐出现了由企业主导小（城）镇运营的模式，这类特色小（城）镇的运营管理严格遵循"政府引导、企业主导、市场化运作"的原则。作为特色小（城）镇建设的引导者，政府在特色小（城）镇中仅扮演一个引领者的角色。在小（城）镇规划开发之初，政府要为小（城）镇建设铺设道路，制定相关政策法规来推动特色小（城）镇的建设，并在小（城）镇规划过程中协调好社会、经济、生态等各方利益。同时，作为一个地区发展的服务者，政府应根据市场经济发展规律引入合格的运营商进行特色小（城）镇运营和管理，放宽权限，但仍需承担监督管理职责，并为企业做好相关服务。在产业培育过程中，政府还会及时根据产业发展情况调整政策，实施具有阶段性和针对性的优惠措施来扶持小（城）镇产业的发展。

作为特色小（城）镇的运营主体，企业在特色小（城）镇发展中也扮演着至关重要的角色。在特色小（城）镇运营中，企业要以市场化的方式来推动特色小（城）镇运营模式的改进，通过市场化的投资机制和运营方式来对特色小镇进行规划建设和运营管理。这一模式大大缓解了政府的财政压力，同时也强化了对市场主体的约束力，出于对持续盈利的追求，企业也会最大限度地谋求小镇产业升级，以保证特色小（城）镇的可持续发展。

4）非营利社会组织主导模式

还有一种是以非营利性质的社会组织为主导来实现特色小（城）镇运营治理的模式。这种模式往往出现在特定地区，由当地居民组成对应的管理委员会，来对特色小（城）镇进行运营和管理。这种模式在国外城镇运营中较为常见，目前我国类似案例还不多。

无论是采取哪一种运营模式，谁来运营，都要以促进小镇和当地的经济、社会发展为目的。说完了特色小（城）镇的运营客体和主体，有必要再讨论一下小（城）镇的获益方式发生了哪些转变。

4.1.3 小（城）镇获益从土地收益转变为综合收益

结合上文所述，特色小（城）镇要构建起综合型的运营体系，实际上也就意味着小（城）镇的收益方式也会是多元类型、多种渠道的。小（城）镇从规划创建到全部建成，再到后期运营，中间对应有六大盈利模式，分别为工程收益、土地升值、房产收益、旅游收益、特色产业收益和城镇建设收益④。也因为如此众多的盈利点，使得小（城）镇成为一个新的投资热点。各大开发商纷纷介入到特色小（城）镇的建设运营中，其介入特色小（城）镇的方式主要包括政府与社会资本合作模式（PPP）、总承包模式（EPC）、一级开发、二级开发以及一二级联动开发等。

政府与社会资本合作的模式（PPP）：在特色小（城）镇的建设过程中，地方政府为了缓解资金压力以及弥补建设运营管理经验的不足，会通过贴息、信贷、税收优惠等方式来吸引社会资本参与小（城）镇的建设，它不仅是政府的一种融资方式，它还需要政府与社会资本进行长期的合作以及社会资本对项目的全程参与，包括从最初的建设一直到后期的运营管理。

总承包模式（EPC）：该模式是指承包商受业主委托，按照合同的约定，对项目的设计、采购、施工实行全过程或若干阶段的总承包。这种模式采用一次集中招标的方式，降低了交易的费用和企业的承包成本。特色小（城）镇项目所要求的工期紧张，所涉及的范围广泛，采用 EPC 模式可以减少每个环节之间的矛盾，有效缩短工期。

一级开发：开发商介入小（城）镇建设运营的第一阶段通过政府委托的方式对特色小（城）镇规划范围内的土地进行"熟化"，如通过一系列包括土地整理、公共基础设施等工程建设，将毛地变为"X 通一平"，并且覆盖教育、医疗、休闲、文化等设施，再通过政府回购的方式来获得收益；对于政府来说，经过前期的工程建设，特色小（城）镇的土地已升值，周边土地也发生了溢价，政府通过土地财政获得了可观的收入。

二级开发：在一级开发的基础上，开发商再通过对特色小（城）镇进行二级开发，即对特色小（城）镇进行房地产开发，此时可通过地产销售、房屋租赁等途径获得收益。

一二级联动开发：土地一级开发企业通过与政府协商，创造条件取得部分二级开发项目，实现小（城）镇的一二级联动开发。通过一二级联动开发能够提高项目整体利润率，弥补一级开发收益的不足，实现一级和二级开发的联动。除此之外，企业还可以获得低价拿地收益。

无论开发商通过以上哪种方式介入小（城）镇的建设运营，如果没有在产业、文旅、服务等方面的继续挖掘，不仅会丧失后期综合运营的持续收入，也会使小（城）镇失去维持长久发展的生命力。相反，若能将小（城）镇收益由单一的土地收益以及相对多样的房地产收益转变为多元丰富的综合收益，才能产生源源不断的生命力。而事实也证明，转型以产业、文旅等综合收益模式的小（城）镇确实可以为政府和投资商带来持续的收益，彝人古镇就是一个典型案例。

彝人古镇位于云南省楚雄彝族自治州经济技术开发区⑤。地处"彝族文化大走廊"的中心部位，同时又处于滇西旅游黄金线（昆明—大理—丽江）上，具有绝佳的地理区位和交通区位。顾名思义，彝人古镇是一个以彝族文化为核心，同时兼具特色建筑和文化旅游功能的特色小镇。小镇占地超过 210 万 m^2，其中建筑用地占 71.4%。整个小镇涵盖高档别墅区、彝文化主题园区、酒吧街、大型餐饮区、客栈区、多层住宅区等多个功能区。古镇主打彝族文化，设计了一系列充满彝族风情的活动和项目，如彝家调、左脚舞、耍火把等。每年的农历六月二十四，还会举行传承千年，每年一度的彝族火把节，来自全国各地五湖四海的游客齐聚于此，共同感受彝族传统节庆的欢乐气氛。

彝人古镇这样一个开放式的综合景区，为楚雄市带来了巨大的收益，不仅仅体现在经济的盈利性上，更体现在对楚雄彝族文化的传承和发扬，以及对楚雄城市品牌的宣传等方面。2017 年末，彝人古镇接待旅游人次 1150 万，为当地解决近 2 万人的就业，撬动上下游产业投资约 100 亿元。目前古镇入驻商户近千家，大小客栈 100 多家，可同时接待 5000 余人，旅游产业年产值达 40 亿元以上，成为楚雄市旅游产业新的增长点。

这样一个综合收益持续高效增长的特色小镇，你能想象出这个项目前期只是一个以土地收益为主的商业地产项目吗？在云南省旅游业大发展时期，尽管古镇具有绝好旅游区位优势，然而由于没有系统整合和开发当地的旅游资源，使得彝人古镇一度成为黄金旅游线上的"弃儿"。

2005 年的彝人古镇项目定位也只是一个商业地产项目，试图采用仿古建筑风格打造商业小镇的模式来实现运营。最初的小镇建筑格局也为典型的商业地产建筑格式。大部分的建筑为商住一体，即一层为商铺，其上为住宅。绝好的区位和当年地产的繁荣，第一期和第二期的火爆为彝人古镇带来了一系列比较喜人的商业回报。这使得开发商和政府都意识到该项目还有着更多的可能性。于是，运营团队在后来进行三期建设时调整了规划方案。首先，在地理上，把项目区的布局往北延伸，逐渐呈现出商住分离的空间格局，并专门打造出用于承载各种业态的商业街和风情街等项目。同时，小镇又开发建设了一个专门展示彝族风情文化的彝人部落街区。通过组建演出团队，定期举行彝族特有的祭火大典等民族特色活动。同时，为了给游客提供更好的"食住行游购娱"的丰富体验，政府还引进和开发了一些同样具有民族特色的酒店、民宿、餐厅等。打造出一个真正地拥有综合业态、多元功能的特色小镇，也为当地创造出集旅游、餐饮、文化展演、住宿等于一体的综合收益。

由此可见，只有根据市场发展规律及时调整小（城）镇的收益模式，严防以单一的低水平土地收益为主的房地产化，注重经济、社会等多方面的综合收益，才能使小（城）镇在优胜劣汰的城镇化浪潮中屹立不倒，真正造福一方百姓。

4.1.4 小结

特色小（城）镇发展至今，虽然运营客体、主体和收益模式都已发生多次变化，但无论是采取哪一种运营模式，至少得区分清楚特色小（城）镇的所有者、经营者、使用者和受益者的不同角色。要明确在特色小（城）镇的治理体系中，框架谁来划定、执行谁来负责、资源如何来使用，以及获益如何来分配等等。只有明确好治理什么、谁来治理的顶层架构，明确了获益和分配方式，才能在特色小（城）镇的建设过程中合理规划运营体系，推动特色小（城）镇的健康发展。

4.2 基于不同主体的多元开发模式创新

由于我国各地的特色小（城）镇在资源禀赋、区域背景和发展阶段各不相同，因此在小（城）镇开发建设的各个阶段都会有不同的参与主体，包括政府、开发商、金融机构及咨询设计、工程施工、招商运营等专业企业。根据参与主体的差异，特色小（城）镇的开发形成三种主要的模式——政府主导型、企业主导型、政企合作型。因此，本节将就三种不同的开发模式分别选取三个特色小（城）镇案例，通过对这三个小（城）镇的分析和对比研究，探讨不同开发模式之间的异同和优劣。

4.2.1 模式一：政府主导

国家提出培育特色小（城）镇的前两年，2016 年和 2017 年住房和城乡建设部曾分别评选出 127 个和 276 个的国家级特色小（城）镇。这些在产业发展、文化旅游和公共服务设施建设等方面具有一定特色的小城镇大都是传统的建制镇，这些小（城）镇的开发在最初时基本以政府为主导。

所谓政府主导小（城）镇开发是指由政府作为小（城）镇的开发主

体，在宏观层面上决定小（城）镇未来的发展方向[1]，并由政府对特色小（城）镇进行统一的规划建设。在这种模式下，政府具有强有力的引导和管控作用，主要体现在以下几个方面：第一，政策支持。政府主导开发模式最大的特征就是能够为特色小（城）镇的发展提供政策支持，包括财政政策、土地政策、金融政策等，为小（城）镇发展保驾护航。第二，人才支持。政府主导开发模式能够为小（城）镇发展量身打造人才引进计划，由于基于政府层面的人才招引计划更具权威性和可靠性，也就能最大限度吸引更多专业人才的进驻。第三，资金支持。政府主导开发模式除了可以为小（城）镇发展提供专项基金外，也能够通过政府平台进一步引起金融资本的关注，为小（城）镇发展赢得更多的投资。第四，宏观指导。政府主导的开发模式能够在宏观层面上对一个小（城）镇进行总体定位，整合小（城）镇及周边区域资源，进行科学合理的规划，以保证小（城）镇的可持续发展。

这些特征在梦想小镇的开发中得到了很好的体现⑥。余杭梦想小镇位于浙江省杭州市余杭区未来科技城仓前街道，于 2015 年列入浙江省首批省级特色小镇创建对象，2017 年通过验收，成为全省首批命名的两个省级特色小镇之一，在全国形成很大影响力。作为一个信息经济主题的产业类特色小镇，梦想小镇的核心区包括互联网村、天使村、创业大街和创业集市四个板块。

小镇从 2014 年启动到 2015 年投入使用，再到 2017 年获批浙江省省级特色小镇，整个发展过程中都离不开各级政府的全力支持。首先，政府为创建梦想小镇专门划出一块极具区位优势的地块用于梦想小镇的创建。2014 年，浙江省政府在阿里巴巴赴美上市的背景下，紧跟互联网创业热度，大力支持杭州市政府打造互联网产业小镇，为阿里巴巴等互联网产业的溢出人才提供创业和就业基地，因此梦想小镇得以诞生。

此外，为了保证梦想小镇的顺利创建，杭州市政府出台了大量相关优惠政策，为梦想小镇的发展保驾护航⑦。在设施和服务方面，完善了小镇的网络基础设施，在小镇内铺设了包括 4G 网络、无线 WIFI、宽带以及智慧社区的四大网络，并且构建了互联网技术保障体系等。而且，政府还引进各类服务机构，为小镇企业提供各种服务。资金方面，政府积极引进各种基金，为小镇的发展撬动民间资本的投入，并结合基金小镇的定位，对金融机构也给予一系列政策支持。而天使村也作为投融资服务核，集聚众多投融资机构，为小镇入驻的初创企业提供资金支撑。

尤其是对于处于初创阶段的企业，杭州市政府不仅设置企业办公场所的租金补助，还提供一系列创业贴息贷款；梦想小镇还设立集训营，为一些较为优秀的初创企业免予 3—6 个月的办公空间和基本设施设备的使用租金，以使这些企业能够减轻负担，顺利度过孵化期。当创业企业处于加速器阶段时，管委会"育成计划"将为创业项目提供跟踪式的定制服务，一直持续到项目并购上市。同时，为了增强梦想小镇创新创业团队的抗风险能力，政府还作为风险承担方，专门为此出台文件，要求政府采购产品必须要有30%是创新产品，以此来支持企业进行技术革新，延伸产业链，促进资本、人才、技术、产品等要素的无缝连接。

从梦想小镇的发展历程中，我们可以看到政府在政策、基础设施、服务等方面均起着主导和关键推动作用。但政府主导运营的特色小（城）镇不仅要求当地政府拥有较为雄厚的财政能力，以保证小镇后期运营管理资金链的正常运转，同时也要求政府拥有较强的把控能力和对市场的感应能力。

随着小（城）镇的发展，单一的政府主导模式也出现了不足之处[⑧]。一方面，随着国家政策的大力支持，政府主导下的特色小（城）镇在建设过程中，逐渐出现运动化、功利性的趋势。部分地方政府由于政绩追求而忽视了对特色小（城）镇资金、产业的引导和规范，小（城）镇建设追求短平快，致使小（城）镇后期发展偏离轨道，部分小（城）镇甚至演变为房地产项目，极度缺乏特色产业的支撑，严重背离了特色小（城）镇建设的初衷。另一方面，大多数政府主导的特色小（城）镇由于市场感知度低，开发出的产品和服务往往得不到市场的响应，难以形成产业上的空间集聚和人口集聚，从而造成大量资源和投资的浪费。要避免这一状况再次发生，最有效的办法恐怕是引进市场主体，以更加市场化的投资机制和开发模式来投资、建设、运营、管理小镇。政府切忌大包大揽，只需在营造好的发展环境，为企业提供好的营商服务和公共服务即可，即下文所涉特色小（城）镇开发的企业主导模式。

4.2.2　模式二：企业主导

顾名思义，所谓企业主导模式就是以企业为主导掌握小（城）镇发展方向的开发模式。企业主导的发展模式往往以高利润为发展目标，因此在规划实施过程中能够利用企业的力量最大程度保证规划的资金链供应，并在后期通过企业对市场导向的敏感性及时调整营销策略，以促进小（城）镇的健康发展。企业主导模式较为经典的是万达集团主导开发的丹寨旅游小镇[⑨]。

丹寨小镇位于贵州省丹寨县城东，是一个集"食、住、行、游、购、娱"于一体的文旅特色小镇。小镇总长约 1.5 km，占地面积约 400 亩（1亩≈667m²），总体建筑面积达 5 万 m²，小镇整体风貌风格以丹寨地区苗族、侗族和水族等少数民族传统建筑风格为主，包括苗族风情商业街和东湖自然风景区。小镇建有四星锦华酒店、三大非遗小院、四大民族文化主题广场、三大斗艺场馆、万达影院、百亩花海梯田，以及直径 26.8 m 的世界最大水车、大索桥、3000 m 环湖慢跑道、水上游船、垂钓基地等，并吸引 7 个国家级和 17 个省级非物质文化遗产项目落户小镇。

基于以上多元丰富的旅游项目，万达丹寨旅游小镇仅开业半年就一跃成为贵州省游客量排名前三的单个景区，并被评为国家 4A 级景区。在 2018 年半年度中国特色小（城）镇影响力排名中，丹寨小镇仅次于乌镇，排名全国第二。那么，这个异军突起的特色小镇，是通过什么样的发展方式在短时间内山登绝顶、大放异彩的呢？作为丹寨县精准扶贫合作对象，万达集团在小镇的创建开发和运营过程中又起了什么作用呢？我们不妨从头开始梳理。

2014 年底，万达集团与国家级贫困县丹寨县签订《万达集团对口帮扶丹寨整县脱贫行动协议》。随后，万达集团通过长达一年的实地调研和考察，最终决定通过旅游扶贫，以"教育、产业、基金"并举的方式带动丹寨县的发展，并决定将协议中的 10 亿元扶贫资金增加至 15 亿元，实施长、中、短期兼顾的全新旅游扶贫路径。其中的中期扶贫即开发建设万达丹寨旅游小镇。小镇由万达出资建设，并通过旅游产业创造大量就业岗位，带动当地居民参与到旅游产业的整体链条中，从而带动整个丹寨县的经济发展和脱贫致富。

首先，在小镇的定位方面采取了文旅导向的开发方向。运营商充分研究了当地的实际情况。考虑到小镇如果采用居住混合模式将无法有效控制商业业态，为了保证在短时间内形成品牌效应和聚集人气，运营商决定将居住功能剔除，采用了纯文旅小镇的开发模式。在制定小镇主题定位和业态策划时，万达通过深入挖掘丹寨县的民俗文化和非遗文化，结合小镇考察结果，最终选择了以非遗文化为主，兼顾苗乡文化与蚩尤文化的主题定位。并根据非遗名录，万达又在小镇中引入了酒店、特色餐饮、民宿、购物、娱乐、运动、展览、工艺体验、斗艺、演艺、观景、亲子摄影等多种业态。同时为进一步丰富小镇体验项目，万达与当地某文化公司联合打造了大型实景演艺剧目《锦绣丹寨》。这个节目一举成为小镇独特的文艺体验，大大增加了游客过夜率。

为解决小镇的宣传和热度问题，万达集团又提出"轮值镇长"的策划方案。该方案自实施起，一年时间里小镇共经历了 52 任不同国籍、不同职业、不同性别、不同兴趣、不同经历的镇长。这些"轮值镇长"涵盖了企业家、雕塑家、美国议员、英国模特、世界小姐，甚至小学生，他们都成为万达小镇绝佳的传播体和代言人。"52 任镇长"策划项目不仅使小镇在中国迅速为人所知，更是通过获得一系列国际奖项把小镇的声名传向世界。据初步统计，丹寨小镇开业一年，旅游人数就超过 550 万，帮助丹寨县旅游综合收入约达 30 亿元，带动全县数万贫困人口实现脱贫。

4.2.3 模式三：政企合作

除了企业主导外，还有一种兼具的开发模式，即政企合作模式⑩。目前，特色小（城）镇建设已进入快速发展阶段，全国规划建设的特色小（城）镇数量已超 2000 个。其中一些单纯由房地产企业主导的特色小

（城）镇"房地产化"倾向明显，这些"特色小（城）镇"从内涵到现实都发生了偏离⑪。一方面，企业对于市场的感知能力较强，同时大量的资金注入可以缓解政府的财政压力；另一方面，政府具备防范企业对于市场利益的追逐而导致小（城）镇定位偏离的政策引导能力。兼顾两个方面优势的基础上，政府和企业联动的运营模式则可以很好地平衡政府对于小（城）镇定位的把控和市场对小（城）镇运营的主导。

政企合作是政府引导、企业主体、市场化运作的开发模式，在融资创新方面通常采用政府和社会资本合作（PPP）、政府购买服务等模式[2]。在这方面，浙江青瓷小镇的经验为我们提供了一些参考。青瓷小镇位于龙泉市上垟镇，地处浙闽边境龙泉市西部。由于自古商贸经济繁荣，制瓷在民间颇为盛行，小镇因此成为龙泉青瓷最主要的生产以及贸易聚集的地方。小镇于2015年被列入浙江省首批特色小镇创建名单，自始至终小镇都坚持市场化运作的道路，采用"政府 + 大型运营商"的发展模式，成功改造了传统工业厂区，焕发新的生机。

青瓷小镇创新管理机制，设立了党工委和管委会。先后引入浙江披云食品股份有限公司和上海道铭投资控股有限公司来参与小镇的开发建设。期间政府主导规划政策，负责公共配套和外围的一些设施的建设，市场主体则主导项目建设。2009—2010年，政府将原国营厂青瓷研究所的地块，按照原有工业用地的性质进行出让。浙江披云股份公司获得该地块后保留了少量手工生产功能，其余部分则投资建设非盈利性质的文化场所，即披云龙泉山庄。2011—2014年，浙江披云股份公司作为主体，开始运作青瓷小镇的核心板块。它成功引入了数家企业入驻，并逐步建成集文化创意、产业创新、青瓷体验、学术交流、休闲度假于一体的青瓷主题小镇。这一过程中，政府在企业入驻初期提供了宽松的土地政策，后期则转变角色，专注于做好项目服务，不仅为项目提供了完善配套，还注重青瓷文化旅游小镇的品牌建设，为企业发展提供了良好的平台。

2015年以后，青瓷小镇的概念扩大到整个城市。政府进一步整合资源，引入了上海道铭投资控股有限公司，最终形成以上海道铭投资控股有限公司为主，其他企业为辅的发展模式，市场化特征得到进一步加强。同时，青瓷小镇管委会在政策配套上积极跟进，并积极争取财政资金。近几年，青瓷小镇每年都有1000万的本级财政资金，在产业提升、技术研发、品牌培育、人才引进和培养等方面，还制定了更加可操作的细则与政策，大大促进了产业和人才向小镇集聚。

4.2.4 不同开发模式大 PK

由上文几个案例可以看出，不同开发模式下的特色小（城）镇在适用类型、优势劣势等方面都各具特点，下面，我们就针对这几种不同的开发模式进行深入的对比和探讨（表4-2）。

表 4-2 不同开发模式大 PK

对比	政府主导	企业主导	政企合作
适用类型	扶贫型项目	产业型项目	产业型项目
优势	行政力量强，推动起来较快	（1）符合市场需求； （2）考虑成本收益平衡； （3）资金充足	（1）行政力量强，推动起来较快； （2）符合市场需求； （3）考虑成本收益平衡； （4）资金充足
劣势	（1）易造成投资和资源浪费； （2）运动化倾向； （3）追求短平快以致小镇房地产化	（1）过于市场化，忽视可持续发展； （2）以利益为绝对目标，容易出现投资中断	（1）项目实施不规范； （2）容易引发地方政府债务风险

以政府为主导的小（城）镇开发模式，具有先天的优势，政府可以利用行政力量以及手里掌握的优势资源，在较短的时间内完成特色小（城）镇的建设，实现小（城）镇的发展目标。但是，以政府为主导的特色小（城）镇开发也容易陷入"指标化"政绩考核的怪圈。这就导致特色小（城）镇建设一味追求"短平快"，而忽视了市场规律和消费者需求。因此，在政府的监督与引导下，政企合作及企业主导的开发模式将逐渐成为主要的开发模式。

4.3 营销创新：流量为王的优雅安利姿势[12]

曾经有段时间，朋友圈里每天被"最热门的网红小镇"这样的话题刷屏，可谓"忽如一夜春风来，特色小（城）镇遍地开"。特色小（城）镇的建设如火如荼，各个小（城）镇的境地也千差万别。有的小（城）镇每天客似云来，有的小（城）镇在建成之后却无人问津。特色小镇仅仅有特色，但缺乏营销的话，仍不能打出小镇的市场知名度，也不能为消费者所熟知，最终难免因人气缺失而导致运营困难。那么面对残酷激烈的市场竞争，特色小（城）镇又该如何正确地安利自己，顺利突破重围呢？

4.3.1 知己知彼，把握游客需求

特色小（城）镇若想营销成功，最关键的一点是要找准客群，还要把握住客群的实际需求。以文旅小（城）镇为例，小（城）镇的客群即全国各地的游客。据《2017 年消费升级大数据报告》（以下简称"报告"）显示，在各年龄段消费群体中，90 后的消费占据大头。对他们而言，出行旅游已不再是传统的单一的观赏游玩。他们更多关注的是通过旅游实现自我提升、增进人际关系、获得更大的满足感等个人目标。因此，如何抓住年轻一代消费者的心，洞察他们的喜好，才是把握消费趋势的关键。

而90后的旅行消费习惯和特点，明显迥异于70后，甚至80后"不求最贵，但求最好"的消费心态⑬。经报告分析，过半的90后会认真发送精致的朋友圈，且十分在意点赞数量。更多元化的旅游动因——如一场演唱会、一部影视剧也可以成为去旅行的动因（图4-1）……所以，不同于80后，这些90后的年轻人们在考虑一个出游目的地的时候，他们在意的并非完全是大众想象中的冒险、运动、猎奇，他们脑子里在盘算的也许仅仅是：这个地方能不能让我发一条看似不经意却要显得优雅、特别、与众不同、高大上的朋友圈。

```
(1) 90后旅行消费特点：
  六成每月有储蓄，承担全部旅游花费；
  一边现场血拼，一边上网比价，更擅长精打细算
  拥有"不求最贵，但求最好"的消费态度
(2) 90后旅行方式特点：
  期望每年旅游3次，但因为收入和年假有限，实际仅出游1.6次
  45%的90后最想和爱人一同旅行，想一个人旅行只是嘴上说说。
  57%的90后会认真发送精致的朋友圈，且十分在意点赞数量。
  90后喜欢有准备的旅行，过半会提前阅读相关攻略或书籍
(3) 90后的旅行观念特点：
  为了能有更多旅游机会，想过做义工、资源职业或者旅婚，比起薪资更
  渴望自由；
  一场演唱会、一部影视剧也可以成为去旅行的动因；
  比起都市物欲，90后更偏爱自然人文，中国西部最受关注
```

图4-1　90后旅行特征总结

说完了90后，我们接着说说中年人。2017年国庆小长假期间，曾有一篇刷遍朋友圈的文章将国庆旅游鄙视链分为回乡游、跟团游、自驾游、出境游、室内游五个等级。文章里提到的处在鄙视链底端的回乡游，换一类客群也许就不一样了。俗话说得好，旅游就是离开自己活腻歪的地方，去别人活腻歪的地方看看。设想一对中产阶级中年夫妇，城市生、城市长，朝九晚五的在同一个城市过了几十年稳定安逸的日子，有一定财产积蓄，著名景点也去过不少了。这样的客群出行旅游可不像年轻人目的这么强，他们往往只是想暂时跳出自己熟悉的圈子，享受享受跟往常完全不一样的生活方式。对他们来说，充满着浓郁乡愁又能够享用纯天然农家饭菜的精致乡村，也许反而弥足珍贵，新鲜感十足。

最后来谈谈银发群体——老年人。作为"有闲又有钱"一族，中老年旅游者中，月收入超过5000元的高收入者占比高达57.8%。报告显示，中老年旅游者的旅游出发地主要集中在热门地区，其中大部分集中于发达地区。就出行方式而言，这些老年人更喜欢以家庭、社区、老友为"单位"抱团出游，每单平均出游人数达9人。其中，哈尔滨和郑州

的老年人更爱携孙子辈出游，每 6 个老年人就有一人带个娃。而且，这些中老年游客的旅游消费意愿高达 81.2%，旅游消费认知水平也一点都不输年轻人。相比于没钱又没时间的年轻消费者，这些中老年人的出游时间灵活、自由，真可谓最有资格"说走就走"的一群人。

中老年人旅游还有重要的一条是要有医疗保障。图 4-2 是一条 2017 年小长假期间的热门微博，转发了三万多条，说明引起了大众的共鸣。作为刚被列入第二批全国特色小镇名单的西塘，这条微博热搜的背后，是国内旅游目的地对老年客群需求普遍的考虑不周。带着老年人去旅游，是否好玩、是否酷炫、是否能拍照都是其次，考虑医疗配套是否便捷、住宿条件是否习惯、休憩设施是否足够等因素才是主要的，也就是说要最大程度上保证老年人的安全和健康。

图 4-2　小长假热门微博之一

因此，文旅特色小（城）镇在进行营销和安利自己时，可针对以上三类客群的特点，结合自身资源禀赋及产业特色，在明确小（城）镇的目标客群之后，精准制定营销策略。如针对新生代的年轻人，需满足其朋友圈中的低调奢华感；针对中年人，建议以原乡生活给予滋润；而针对老年人，则需考虑更多的安全感等。

4.3.2　基于 IP，打造特色体验

在第 2 章我们已经提及特色小（城）镇 IP 的重要性不亚于明星人设，它是小（城）镇吸粉的一大利器。国内外的小（城）镇各有千秋，纵观其运营的成功经验，其中很重要的一点是基于 IP 的"主题化、内涵化和特色化"的主题景观营造和互动体验项目。这些项目不仅可以将小（城）镇各个元素凝聚在一起，抓住游客的眼球，还能引起游客的情感共鸣，留下深刻难忘的印象。

立足于小（城）镇的 IP，通过小（城）镇的建筑、景观进行"环境引导"，可演绎 IP 意象，营造主题景观。例如，台湾猴硐猫村，其中充满质朴及乡土风味的猴硐火车站和人猫共用的"猫桥"等建筑，各种猫造型的温馨提示牌。有趣的猫咪装饰等文化景观，以及可爱的猫咪，共同烘托出了一个台湾最萌小镇。

通常，固定的建筑和景观一旦建设完成，便很难再进行大的调整，而若要使特色小（城）镇保持一定的新鲜感和吸引力，则要通过故事性和代入感强的互动体验项目的不断推陈出新，才能具有长久的生命力。如成都龙潭水乡投资 20 亿建造的以"清明上河图"为 IP 的小镇，在最初的火爆之后，只运营了 3 年就难以为继，目前小镇的客流量非常少。龙潭水乡虽然重视主题景观营造，大手笔打造了主题景观，但由于其缺少互动体验的项目，而难以形成持续的吸引力。而同样以"清明上河图"为蓝本的宋城，则通过生动、丰富的体验性产品吸引了源源不断的客流量。进入宋城，可以凭借门票领取免费的古装进入景区，而且还可以兑换宋朝交子，游客仿佛来到了宋朝喧嚣的市井民巷，不仅可以观看宋朝盛世，还能亲身参与市民生活，体验一把时光穿越的感觉。

而且，互动体验项目的开发，还可以根据游客的个人偏好和个性化消费行为特征，对游客的性别、年龄、教育背景、职业以及兴趣爱好等数据进行深入的挖掘，从而更精准地了解和把握游客的消费诉求，增强产品和项目开发的针对性。

如美剧《西部世界》，虽然剧情不清，主角不明，评分不高，但其在场景代入的方式、为游客设定的项目等各个方面都展现出极高的水平。这部剧对于特色小镇打造有针对性的体验项目有很好的借鉴意义。《西部世界》故事设定在未来世界，在一个以美国西部拓荒运动为背景的高科技特色小镇中。这个乐园中充满各种各样的故事，能让游客尽情玩乐。在进入西部世界前，要按照要求换上牛仔的服装，乘坐老式的蒸汽机车进入"西部世界"，通过外在形式上的"特色"体验，使人完全融入特色小（城）镇的环境，让游客深度体验与众不同的 IP 内涵。因此，特色小（城）镇也可以根据自身特点和优势，开发一些趣味性强的互动体验项目。

4.3.3 精准营销，引爆市场话题

除了挖掘游客需求，打造互动特色体验项目外，特色小（城）镇还需通过大数据和新媒体，实施精准营销。通过对游客日常及旅游消费的大数据，深入探析目标游客的深层需求，如关注的热点、喜欢的旅游产品、偏好的旅游体验方式等等，根据分析结果来精心策划小（城）镇营销的广告形式和推送目标。根据游客购买产品之前的心理状态，可将特色小（城）镇的潜在客群分为沉默客群、活跃客群和犹豫客群[3]。制定营销广告时，需根据不同类型的客群特点，精准地推送小镇中适合他们

的信息，以激活游客潜在的体验欲望，有针对性地提供旅游产品和服务。

同时，基于大众对互联网、手机、数字电视等新媒体的青睐和依赖，也可搭建特色小（城）镇专属的宣传平台。在手机应用加速迭代的今天，新媒体的流量焦点也不断变换，从最初慢慢积累流量的豆瓣、天涯、贴吧等互动平台，发展到微信、微博，而现在最能快速抓取流量的莫过于抖音、快手等视频应用。营销载体从最初的文字、图片，演变为H5动态页面和视频。

随着新媒体的营销渠道变得越来越丰富，小镇若想实现精准营销，就需要根据自身的优势选择合适的营销渠道，进而进行整合。例如某些小（城）镇推出的"点赞"活动，整合了微信、微博等多种平台进行刷屏，在用户圈里精准传播。这种刷屏不仅可以带来直接效益，也可以带来效果更显著的间接效益，即口碑营销和品牌宣传。而且，小（城）镇可与网络大V进行合作，通过编写网红爆文、网络直播等进行特色小（城）镇的合作推广。如2019年元宵节故宫首次接受公众预约的夜间开放活动——"紫禁城上元之夜"的灯会活动可谓火爆至极，一开放预约系统就屡屡瘫痪，为使不能到场的人不再抱憾，当天还同步上线网络直播。不仅如此，灯会盛景第二天早上就在各大网站和微信圈子快速分享，以实现几何量级式的传播与推广，引发了极大的关注和评论。

另外，独特用心、具有当地文化内涵的高品质的纪念品是最好的口碑营销，它不仅能唤起旅游者美好的旅游回忆，还可以吸引周边人的注意。如台湾精致的伴手礼，密云古北水镇的拷梨瓷杯等等，这些小小的纪念品，充分挖掘了当地的特色资源和独特的文化内涵，是包含感情和故事在里面的，而不是国内大部分景区动辄千篇一律的某地小商品。特色小（城）镇的纪念品不仅要精美实用，还要运用当地的材质、技巧和手法，传播地方文化，才能成为特色小（城）镇的营销名片。

4.3.4　小结

特色小（城）镇需要人气支撑，"酒香也怕巷子深"，精准把握游客需求，打造具有吸引力的体验性项目，继而利用大数据和新媒体引爆市场，这些都是小（城）镇运营中不容忽视的重要环节。在这个流量为王的时代，掌握正确的安利姿势才是特色小（城）镇的制胜之道！

4.4　以人为本：让公众成为小（城）镇的主人⑭

小（城）镇作为一种空间载体形式，其最终的服务对象除了和其他城镇形式一样的生活者、居住者，还有在此就业、旅游甚至是路过的人们。因此，对于特色小（城）镇的发展，需结合产业、旅游等因素，将范围内全体公众的需求都考虑进来，即包括本地原住居民、来小（城）

镇就业和创业的人（生产者、投资者、经营者、社会组织等），以及游客等，让这些多元主体成为小镇的主人，才是以人为本理念的最佳体现。

4.4.1 特色小（城）镇首先是公众的小（城）镇

首先，特色小（城）镇的产业、社区、文化、旅游等功能以及"三生"（生产、生活、生态）空间的打造都是从满足公众的需求出发。无论是本地居民、外来的长期就业和居住者，还是外来的短期就业者和旅游者，他们都是这个小（城）镇的活力源泉。本地居民世世代代在此居住、工作、生活，这是他们扎根的地方，也是他们未来的寄身之地。对外来的长期就业和居住者来说，他们将长时间在一个地方进行生活、生产，这个时候教育、医疗等配套服务是其必定要考虑的事情。而对外来的短期就业者和旅游者来说，要满足他们短暂的工作需求或者消费欲望，居住、消遣、饮食、游乐等场所则是特色小（城）镇所必须具备的。

因此，小（城）镇的建设和发展都首先要从这些公众的吃、穿、住、用、行等基本需求出发。小（城）镇的建设要以促进民生、提高小（城）镇居民的生活水平和幸福指数为着力点。当一个特色小（城）镇背离这个基本原则，忽视其最关键的本地居民，就很容易发展成为一个没有根基的空中楼阁，进而由于缺乏持续的发展动力，而最终走向衰落。

其次，公众的力量也可以为小（城）镇的持续健康发展增砖添瓦。对于在小（城）镇生活工作的公众来说，他们对小（城）镇的规划和发展可能比一些专家更有发言权。尤其是世世代代在此扎根生活的本地居民，他们对当地的历史与文化最为了解，方方面面感受最深。特别是曾经在小（城）镇生活很多年、后来到外地工作的领导、专家或者学者，他们对于小（城）镇的研究也很透彻。因此，小（城）镇的发展需要让这些人参与进来，了解他们的意见，让小（城）镇的居民广泛地参与到营造生活圈和服务圈的工作当中去。如果自规划之初，就能够广泛地让这些人参与进来，吸引更多的相关利益者参加，这对于未来建立一个内外部良性互动的健康小（城）镇非常有好处。

但是，目前国内公众参与特色小（城）镇规划的渠道和内容并不多。第一，公众参与层面窄且深度有限。国外先进国家地区的规划编制和实施从始至终、从宏观至细小的开发项目，均有民众参与的身影。而我国目前的规划管理体系中，仅在前期调研走访、审批前公示两个阶段群众从形式上进行参与。第二，公众参与尚无法律保障，而在国外规划的公众参与早已是法定的要求。第三，大数本地居民的规划意识与认知不足，参与全凭兴趣而非责任感[4]。

近年来，我国鼓励开展特色小（城）镇建设，推动区域发展"产城融合"，特色小（城）镇成为各地热门的发展方向。然而我们需要了解的是，当全国各地都在推动特色小（城）镇发展的同时，受到内外在因素的影响，不可避免地会出现规划冲突，例如出现"千城一面"。"千城一面"的出现是由于在规划发展中并没有深度挖掘自身特色，而是仿照学习其他小（城）镇，导致小（城）镇缺乏自身特色，居民缺少融入感与归属感，对游客缺少吸引力。因而在区域经济发展上并没有发挥带动作用，反而阻碍地方产业发展。事实上，规划发展不应该成为执行者个人意志的体现，居民才是小（城）镇的重要组成部分，如何规划出居民认可的居住地，才是规划发展的最终目的，才会走向正确发展路径。例如长沙浔龙河生态艺术小镇的规划建设就是很好的例子。

浔龙河生态艺术小镇坐落于湖南省长沙县果园镇浔龙河村，地处长沙县"一心三片"中经济核心区的东北部，距县城仅 10 分钟车程，距市区约 25 分钟车程，交通便捷，区位优势明显，是都市近郊型的特色小镇。小镇自开发建设以来，一直坚持以民为本的理念，无论是从初期项目设想、中期小镇建造，还是后期维护修建，都鼓励居民参与到项目中，从而提升居民责任感。

在项目初期，浔龙河村鼓励居民以执行者身份参与规划，举行"浔龙河生态小镇集中居住地址选址暨房型选择公众意见征集活动"等意见听取活动，深度解析居民需求，对症下药，从而节省规划时间，减少无用功。项目进行期间，小镇的建设也以盘活当地乡村资源和促进民生为主要着力点，以提高居民收入和居民幸福满意度为抓手，从生态、教育、文化、旅游、康养等方面实施策略，改善生活条件，提高教育水平，宣扬传统文化，促进经济发展，提升生活品质，取得实质上的收获。浔龙河生态小镇无论是创建初期的开发建设，还是建成以后的惠民成果一直以建造居民满意小镇为中心，积极鼓励居民参与项目建设，努力听民生，知民心，切切实实落实好公众需求，提升居民社会责任感和使命感，让居民在城镇治理中唱主角，实现人民当家做主。我们要明白的是，只有获得居民认可的小镇，才是具有根基的小镇。

知道了公众是小（城）镇的主，接下来要思考的就是特色小（城）镇如何建设的问题了。在国家发改委发布的《关于建立特色小镇和特色小城镇高质量发展机制的通知（发改办规划〔2018〕1041 号）》中，明确表明小（城）镇必须涵盖"宜业""宜居""宜游"这三大功能（图4-3），并进行了评价指标的细化。下面我们将从特色小（城）镇的宜业、宜居、宜游三个方面逐一展开论述。

表4-3　特色小镇评价指标

特色小镇名称：___ 省 ___ 市 ___ 县（市、区）___ 特色小镇 类型：先进制造类、农业田园类或信息、科创、金融、教育、商贸、文旅、体育等现代服务类
主要投资运营商名称：
负责人姓名、职务及电话：

指标类别	指标	数据
宜业	（1）已累计完成投资额（亿元） 　　其中：已完成特色产业投资额（亿元）	
	（2）所属县级政府综合债务率（%）	
	（3）主要投资运营商资产负债率（%）	
	（4）已吸纳就业人数（万人）	
	（5）年缴纳税收额（亿元）	
	（6）已入驻企业数（个） 　　其中：规模以上工业企业数（个） 　　　　世界或中国 500 强企业数（个）	
	（7）已入驻企业发明专利拥有量（项）	
宜居	（8）已建成区域的用地面积（亩） 　　其中：建设用地面积（亩） 　　　　住宅用地面积（亩） 　　　　生态绿地面积（亩）	
	（9）规划区域预计用地面积（亩） 　　其中：建设用地面积（亩） 　　　　住宅用地面积（亩） 　　　　生态绿地面积（亩）	
	（10）已建成区域常住人口数（万人）	
	（11）已完成智慧化管理设备投资额（亿元）	
	（12）已建成区域 WIFI 覆盖率（%）	
	（13）15 分钟社区生活圈覆盖率（%）	
	（14）公共文化服务设施建筑面积（平方米）	
	（15）公共体育用地面积（平方米）	
宜游	（16）年接待游客人数（万人次）	
	（17）特色风貌建筑面积占比（%）	

注意：① 省级发展改革委组织有关方面认真填报，确保数据真实可靠。

② 数据时间节点为 2018 年 12 月 31 日。

③ 规模以上工业企业指年主营业务收入 2000 万元以上。

4.4.2 特色小（城）镇要是一座宜业的小（城）镇

首先，特色产业是小（城）镇立足之本。因此，特色小（城）镇若要获得健康持久的发展，宜业是重中之重！只有持续不断保有造血能力，小（城）镇才能够持续健康地运作下去。

20世纪80年代在改革开放政策鼓励下，大量农村人口涌入小城镇，形成亦工亦农的人口格局：在小城镇中大量出现各企业长期招用并居住在城镇的合同工、临时工；自理口粮较稳定地在城镇务工经商者；工作在城、居住在村者；自理口粮短期或不稳定进城活动者；在城镇进行集市、农产品出售或短期停留、中转者等。这些不断增长的亦工亦农人口成为小城镇建设的生力军[5]。也就是所谓的，小城镇成为20世纪八九十年代的城镇化"蓄水池"。

如今的特色小（城）镇，因产业而生的就业人口已发生翻天覆地的变化。无论是正在转型的专业镇，还是新兴产业类型的特色小（城）镇，现在已不再是生产"三来一补"外贸货的中国制造地，而是集聚创新创业等高端要素的聚集地。

而实现聚集高端要素，首先在就业机会上就需要小（城）镇拥有雄厚的经济基础、独特可持续的主导产业和巨大的发展潜力。只有这样，才能为小（城）镇居民提供充足的就业机会和较高的收入。例如，威尼斯身边的"创意"玻璃小镇——意大利穆拉诺小镇。穆拉诺的玻璃制造业曾称雄欧洲几个世纪，如今已从玻璃专业小镇转型为欧洲知名的玻璃文化小镇，并拥有众多的玻璃博物馆、传统作坊、商店等，每天吸引着成千上万的游客前去玩赏。毫无疑问，这么强大的玻璃旅游业，除了本地居民外，还需要不少的外地人前去穆拉诺就业，进行生产、制造、销售等，这就为本地居民和外地移民创造了大量的就业机会。

其次在创业上，特色小（城）镇应搭建"双创平台"。一方面，小（城）镇的发展离不开中小企业、店铺等"毛细血管"，需吸引和鼓励年轻人及其他有激情有能力的人去创业。另一方面，特色小（城）镇的持续健康发展离不开科技进步等创新要素的集聚。上文提到的浙江杭州余杭区的梦想小镇就是这样一个创业很幸福的地方，吸引着无数的有志青年前去开拓事业的新天地！梦想小镇以"互联网创业小镇"和"天使小镇"融合的方式，将互联网、金融、人才叠加，并通过"创业苗圃＋孵化器＋加速器"的搭配方式，为不同发展阶段的创业企业或团队，尤其是泛大学生群体提供有建设性的孵化服务。

不仅如此，小（城）镇还要围绕核心的特色产业，促进生产者、投资者、经营者、社会组织、消费者的互融，营造出一个健康完整的产业生态（含多元主体、全产业链、关联产业、配套产业等）。在这个宜业的小（城）镇里，人们就业不会感到沉重、无处安放的工作压力，反而会热爱工作，并能在工作中找到乐趣和充实感。例如美国的纳帕谷小镇。纳帕谷从单一粗放发展的葡萄种植小镇，通过逐步完善产业链条，建立起种植、加工、品尝、销售、游览、展会等全产业链体系。在此基础上，小镇聚焦创新，通过酒庄俱乐部、葡萄酒电影、古董小火车葡萄酒之旅等方式，将葡萄酒产业与娱乐、影视、旅游等产业关联，最大可能的延伸和开发葡萄酒产业，在一车、一箱、一瓶、一杯，乃至一口的红酒之中，满足了生产者、投资者、经营者、社会组织、消费者等多方需求。

4.4.3 特色小（城）镇要是一座宜居的小（城）镇

小（城）镇建设不仅仅要满足单纯的生产和工作需要，还必须适宜生活。宜居宜业才有可能把这些在此工作的人更长久地留下来。

在之前结束的"中国智慧·筑梦中国"致敬40年盛典暨2018财经峰会上，中国城市和小城镇改革发展中心理事长兼首席经济学家李铁提出：如今我们的城市变得越来越不方便。城市既要高大上，又要面临多种人口需求的选择，让大家生活得更方便、更惬意，使城市变得更宜居。但在这种已经固化的利益结构下，我们没有办法去改变钢筋混凝土已经筑成的现在的城市结构。而特色小（城）镇作为一种新兴的城镇形式，要想规避这些不足与失误，自规划之始就要从人的需求出发，通过完善小（城）镇的硬件设施和软件服务，如通达便利高效快捷的交通设施、优质公共卫生和医疗条件、高质量的教育设施和服务、宜人的生态环境，以及多元功能、充满活力的街道等来建设一个宜居的小（城）镇。这是一个高质量小（城）镇发展的基本条件，甚至是必要条件，也是人发展所需的基本条件。

第一，特色小（城）镇需要便利高效快捷的基础设施。基础设施的建设要坚持适度超前、综合配套等原则，不断完善对特色小（城）镇的道路、供电、供水、通信、垃圾处理等综合配套基础设施的建设，尤其是交通与网络的搭建。假想一下，如果没有便捷的交通能抵达盛产施华洛世奇的奥地利瓦腾斯小镇，对于时尚界将会是多大的遗憾啊。如果没有网络能够让远在中国的你我顺利便捷地观看到美国莱克星顿小镇的国际马术比赛，对于体育节将是多么不可接受的事情。如果好不容易攒够了钱，去盛产玻璃的意大利穆拉诺小镇度一次假，却发现这里饮水洗澡不方便，这将是怎么都不可接受的啊。

第二，特色小（城）镇需要舒适便利优质的配套公共服务。根据小（城）镇常住人口预测与空间规划，统筹学校、医疗服务中心、体育场等公共服务设施的布局安排，为公众提供高品质的公共服务，进而促进小（城）镇经济的发展。如果一个地方能在保存田园风光、传统文化和小（城）镇魅力的同时，还能提供完善的公共服务，无疑将会是居住者乐园。

第三，特色小（城）镇需要商业消费场所。毫无疑问，消费可以提升生活的愉悦感，商业街里大爷大妈、少男少女脸上洋溢的笑容就是证据。当你住在这里的时候，无论是去买个衣服，还是喝杯咖啡，吃份甜点，唱首歌……你的购物、消费、娱乐、休闲等需求统统得以满足，这是多么的酣畅淋漓啊！可见一个地方如能集购物、吃喝、玩乐等各类消费于一身，将是一个多么有活力的乐园啊！不信就看每年吸引着70万中国人前去消费的德国麦琴根小镇，还有仅周末就能吸引10万余人前来闲逛的伦敦康登镇……

第四，特色小（城）镇需要优美宜居的生态环境。在"绿水青山就是金山银山"的发展理念基础上，保护小（城）镇特色景观资源，构建生态网络极其重要。尤其是那些有山有水的传统城镇，在深入开展大气污染、水污染等防治行动之后，小（城）镇的生态环境质量毫无疑问将得以全面提升，成为山水、乡愁相融的梦想之地，别说本地居民会住得有多舒心，外地人来了都会迷恋不想走的。你看民宿点缀群山的浙江莫干山、烟雾缭绕古建的安徽查济古镇、石头屋环绕沙滩的福建省东庠岛……这不都是让你去了以后就想嫁给当地人，再也不离开的天堂吗？

除了硬件上空间和设施的宜居外，小（城）镇是否宜居还体现在软件上，包括小（城）镇的精神内核以及是否具有活力等方面，以满足公众的物质和精神的双需求。

《多伦多规划》（2007年）的导言曾提到：人们之所以要涌入某个城市，不仅是要享受城市文化，也是要逛其街道、探索其公园和广场、享受其街道生活、购物和观察城市的人流。城市吸引人们前来做客的那些共同特征和品质，也使城市成为伟大的生活之地。这些城市的共同特征和品质包括格调高雅、人口密集、土地综合利用、不同收入水平的人居住在同一个社区，以及公共交通和行人使城市充满活力[15]。

简·雅各布斯也曾在《美国大城市的死与生》中提及，城市有无活力，在于城市有无相互交错的多样性。但这并不是说要做一个简单的叠加，而是需要集聚起具有内在关联的混合用途。同时，作者认为这样的多样性离不开四大方面：多于一个的功能；短街道；各式各样、各年代、各状况的建筑；足够高的人流密度[6]。作为城镇居民赖以生活的空间载体，城市如此，小镇亦如此。

4.4.4 特色小（城）镇要是一座宜游的小（城）镇[16]

在浙江省特色小（城）镇的标准中，要求特色小（城）镇必须建设成3A级以上景区，其中旅游产业类则以5A级景区为标准。在国家级特色小（城）镇的要求中也延续了旅游功能的要求。深入分析来看，作为特色小（城）镇的基本功能之一，宜游也是特色小（城）镇发展之必须。

从游客需求与小（城）镇自身特性来看，特色小镇与一般的景点、景区不同，除了观光、居住、购物等通俗的消费产品，小镇还应为游客提供特定区域的特色体验这一独特产品。那么，特色小（城）镇该如何带给游客独特的生活体验呢？特色小（城）镇汇集了一方土地的特色风貌，而这其中恰恰就蕴含着游客的"诗与远方"，蕴含着不一样的体验与生活。游客来到小（城）镇，寻求的是与其久居环境所不同的生活环境、方式、节奏……以实现对日常生活的一种"切换"。此时，如果小（城）

镇能够借助自身独特的资源，提取出独具一格的情怀并将其浓缩、活化，将正中游客下怀，为其忙碌和焦虑的生活增添一些活力与希望。你看，禅意十足的"拈花湾"、新乡居生活的江浙田园乡镇……带给多少人以情绪的治愈与灵魂的涤荡啊。这个时候如果出现太多的"普遍性""强搬性""装饰性"的旅游产品就有点煞风景了，例如遍布全国各大景区的古玩店铺、真丝围巾等。

针对文旅类、产业类这两种截然不同的小镇，我们将分别来看看特色小（城）镇应如何做到宜游？即如何为游客提供特定区域的特色体验这一独特产品？

1）文旅类："探险之都"新西兰皇后镇

结合世界"探险之都"——新西兰皇后镇这一实际案例，我们来探索文旅类特色小镇该如何通过特色体验来强化其旅游。皇后镇，虽然总人口数只有约2万人，但其每年接待的游客量多达200万人。那么，皇后镇是如何做到的呢？

首先，皇后镇有激流、峡湾、高山等惊险刺激的优良环境，小镇坚持以不破坏自然环境为前提，开发出一系列刺激的活动项目：高空弹跳、激流泛舟、喷射快艇、热气球、雪上摩托车、冬季庆典、观景缆车……这对探险爱好者与户外运动发烧友无疑是难以抵挡的诱惑了。其次，皇后镇依托其四季分明的气候特征，以及悠久的历史文化，开发出了休闲度假及节庆、婚庆、文化体验等深度游，也吸引了大量的游客，成为皇后镇旅游发展中重要的一部分。最后，在体育与旅游共同发展的基础上，小镇自身的服务配套设施也越来越完善，机场、酒店、餐馆、大型购物中心、各类户外运动服务公司等有序布置，为前来游玩的游客提供了到位的服务。通过以上各方面的努力，皇后镇结合自身特质，将体育与旅游两个元素中最强的优势提炼开发，加上到位的旅游服务，促使小镇从最初的传统单一的旅游发展到休闲度假，最终成为高端奢华旅游目的地。

2）产业类：巧克力小镇美国好时镇

接下来，我们再结合世界上最甜蜜的地方——美国好时镇的巧克力产业小镇这一案例，来探索产业类特色小镇该如何做到产业与旅游双剑齐飞的[⑰]。

好时镇的巧克力之路始于1894年。彼时，米尔顿·好时先生制作的HERSHEY'S巧克力，开创了巧克力人人可食的时代，并建设了北美现今最大的巧克力制造公司——好时公司。发展至20世纪上半叶，好时镇镇上的居民几乎全部成为了好时公司的员工。

如今，身处宾夕法尼亚州的好时镇上，处处都可嗅到巧克力的甜蜜清香，让人仿佛置身巧克力王国。为什么这么说呢，"巧克力大道""可可大道"等路名，形如巧克力的路灯，好时百货商店、巧克力专卖店、生动活泼的好时产品卡通图案……随处都是巧克力的元素。

其中，最不乏清香的地方当属巧克力工厂了。镇上的三家现代化的巧克力工厂，生产着近百种巧克力，其中仅一个品种的日产就可多达三亿颗，可谓是巨无霸级的甜蜜生产源头。

最不乏甜蜜的地方当属"巧克力世界"博物馆。在博物馆里，可以观摩巧克力制作的全过程演示、观看巧克力主题的 3D 电影、血拼巧克力购物中心。各式包装的巧克力、好时标志的纪念品，在购物中心带走任意一件，都会给游客的回忆添上一抹蜜意，尤其是情侣。

最不乏欢乐的地方当属好时乐园。乐园里的游乐设施丰富而现代，其中九座挂着各式好时卡通巧克力的过山车为最大特色。同时，周围的礼品店里也摆满了极具诱惑力的好时巧克力和纪念品，这一切使得乐园成为儿童的最爱……

通过以上种种，好时镇创建了世界上最甜蜜美好的地方，将参观、制造、美食融为一体，吸引了进货商、吃货、情侣、儿童等各类商人与游客，巧妙地实现了以生产带动旅游，以旅游促进生产的良性循环。

4.4.5　小结

以上可发现，公众才是特色小（城）镇的主人。因此，特色小（城）镇的规划必须坚持以人为本的核心理念，从公众的需求出发，展开空间布局、产业规划和旅游开发。在此基础上，建设出来的小（城）镇才是有温度的，有人情味的，才能让这些居住、工作、生活，或游玩来此的人们感受到温暖……

第 4 章注释

① 第 4.1 节作者为沈惠伟、师赛雅，陈易修改。

② 参见特色小镇规研究院：《特色小镇运营【完整篇】》，2018 年 10 月 13 日。

③ 参见科技情报室：《玉皇山南：中国 NO1 基金小镇的建设运营经验》，投资数据库，2017 年 4 月 19 日。

④ 参见古镇专家：《特色小镇 6 大盈利模式分析》，2017 年 12 月 13 日。

⑤ 参见彝人古镇官方网站：《彝人古镇简介》。

⑥ 参见浙江在线：《余杭梦想小镇：让梦想照亮现实》。

⑦ 参见搜捕网：《杭州"梦想小镇"3 月底完工　创业者享一系列优惠政策》。

⑧ 参见搜狐官网 / 徐林：《政府主导的特色小镇模式为何失败？》。

⑨ 参见搜狐官网：《中国特色小镇最大黑马，丹寨万达小镇凭什么月游客 80 万？》。

⑩ 参见中国企业报 – 电子报 / 肖边：《纠偏机制发布　特色小镇迎来健康发展》，2018 年 11 月 6 日。

⑪ 参见搜狐官网：《部分特色小镇建设：重"形"轻"魂"配套不足》。

⑫ 第 4.3 节作者为胡正扬，沈惠伟、杨嫚、臧艳绒修改。原文《如何优雅地向别人安利自己的小长假出游地？》，发表于南大规划北京分院公众号（中法中心北京中心）第 20171026 期。

⑬　参见马蜂窝旅行网:《"浪"一代: 90 后旅行方式研究报告 2017》。

⑭　第 4.4 节作者为沈惠伟、臧艳绒、师赛雅。

⑮　Toronto 官网: City of Toronto, Toronto Official Plan(October 2009), 2012 年 4 月
　　16 日。

⑯　第 4.4.4 节作者为杜一力, 沈惠伟、臧艳绒修改。原文:荐读 | 杜一力:年轻世代
　　与旅游需求"三化", 见旅思马记公众号第 20180413 期。

⑰　参见巧克力之吻网站:《世界上最甜蜜的小镇》。

第 4 章参考文献

[1] 王延彬, 乔学忠. 文化遗产型旅游目的地的发展模式研究[J]. 经济研究导刊,
　　　2009(7): 176-177.

[2] 陈玲, 张玉昆. 城市更新背景下的特色小镇开发建设模式研究[J]. 建筑科技,
　　　2018(10): 53-59.

[3] 李巧丹. 用大数据助推特色旅游小镇体验营销[N]. 中山日报, 2017-08-21
　　　(005).

[4] 刘恒玲, 张立鹏. 浅谈我国城市规划的公众参与问题[J]. 黑龙江科技信息, 2008
　　　(3): 82.

[5] 崔功豪. 城镇建制、人口统计与城市化水平——中国城市化思考之一[J]. 南京
　　　大学学报, 1987(8).

[6] 简·雅各布斯. 美国大城市的死与生[M]. 金衡山, 译. 南京:译林出版社,
　　　2006.

第 4 章图表来源

图 4-1 源自: 马蜂窝旅行网:《"浪"一代: 90 后旅行方式研究报告 2017》.

图 4-2 源自: 雷斯林 Raist 新浪微博截图.

表 4-1 源自: 沈惠伟、师赛雅整理绘制.

表 4-2 源自: 陈玲, 张玉昆. 城市更新背景下的特色小镇开发建设模式研究[J]. 建筑
　　　科技, 2018(10): 53-59.

表 4-3 源自: 发展改革委网站:《关于建立特色小镇和特色小城镇高质量发展机制的
　　　通知(发改办规划〔2018〕1041 号)》.

5 精准规划，四个发展逻辑的规划再整合

5.1 文旅小镇：宁夏贺兰山下星海特色小镇规划实践[①]

少年读书时常会看到"贺兰山"的诗句，自小就对这个遥远而神秘的地方充满向往。没想到居然会在同一个工作阶段探访贺兰山东西地区。这里要说的小镇位于宁夏石嘴山市，恰在贺兰山的东部、黄河的西侧。星海特色小镇隶属于石嘴山市大武口区星海镇，地处宁夏平原北部，呼包兰经济带中部，正是塞上江南的腹地。星海小镇交通条件便利，紧邻包兰铁路、京藏高速，距银川约 1 小时车程。星海小镇辖区范围总面积约为 5 km²，下辖古香社区和星海村。周边为六站、果园村、枣香村等村庄和社区（图 5-1）。

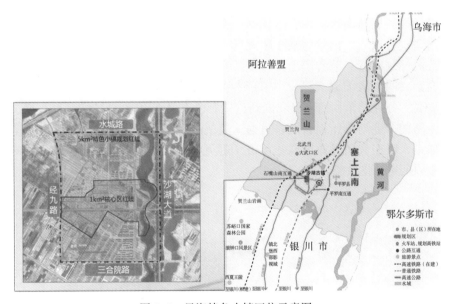

图 5-1　星海特色小镇区位示意图

5.1.1 析题：厘清并识别小镇的五张名片

星海小镇之所以能够产生这么大的吸引力，是因为除了地理区位上

的独特以外，它拥有非常多的自然、文化资源。正如在调研时候所听到的，星海小镇周边汇聚了众多令当地朋友骄傲不已的景区、景点、产品，甚至是传奇。无论是"塞上江南"孕育出的雨润丰泽，还是中原与草原的地缘碰撞而产生的农耕与游牧文化交融；无论是雄伟的贺兰山所坚守的黄河文明，还是贯穿欧亚的古代丝路所带来的多元文化；无论是从秦汉至清代，匈奴、柔然、突厥等各族人民前来成边、屯垦、游牧、经商和开矿留下了贺兰山岩画、西夏王陵、北武当庙等珍贵历史印迹和世界级文化遗产，还是近现代涌现不断的镇北堡西部影城、黄沙古渡、沙坡头等著名景区景点。小镇所在地是宁夏独特地域文化的聚集地，同时也是宁夏北部大区域旅游带上的重要节点。

1）名片一：两湖联动，中间驿站

沙湖是我国十大魅力湿地之一，也是国家5A景区。星海湖则是石嘴山新兴的旅游景区，也是游客热衷的打卡之地。只是鲜为人知的是，星海湖和星海小镇所在地是古沙湖的遗址。如今，星海小镇位居沙湖和星海湖之间。它是石嘴山市两湖联动的中间驿站，同时又是大沙湖旅游区的"北向拓展第一站"，对全市旅游北向拓展起着重要的门户作用。

2）名片二：高铁新区，东部门户

高铁时代的来临预示着乘客交通出行的条件越来越好，同时也扩大了相同时间内，旅游地区的可选择性。对于即将开通的包银铁路，星海镇将成为大沙湖景区、石嘴山全域旅游的"东部门户"。包银高铁石嘴山段将设立三站高铁：惠农高铁站、石嘴山高铁站、沙湖站。三个高铁站的建设解决了市内乘客乘车距离远，交通不方便等问题。缩减了乘客出行的计划时间，节省了出行开支。高铁通车后，各沿线城市至星海镇的通勤时间大大缩减，将为小镇带来百万的隐形客流量。小镇距离沙湖仅需要5分钟的车程，由惠农区到达星海镇也仅需要10分钟的车程。高铁线路的开通对小镇而言既是机遇又是挑战，因此，构建完善合理的旅游体系，吸引和引导游客前往小镇，避免小镇人口流出，是小镇要面对的主要问题（图5-2）。

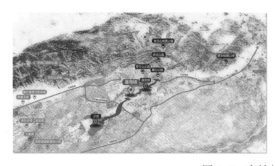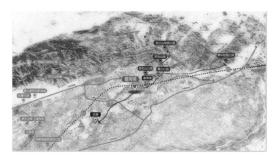

图5-2 高铁新区，东部门户

3）名片三：贺兰东麓，绿色田园

塞上江南不是一个虚名，小镇得天独厚的生态环境孕育了优越的农业基础。经过多年的经营，星海镇现代农业体系已雏形初具，小镇及周边村落农业发展正在向现代化及三产融合发展的方向进行转型升级。除了传统的农业生产以外，现代化农业科技的植入、农业产业链条的延伸，以及相关生产性服务业的发展为小镇的农业产业体系构建不断夯实基础。

早在 2016 年，石嘴山市就已被国务院食安办（食品安全委员会办公室）列为第三批"国家食品安全示范城市"创建试点城市。2017 年，宁夏回族自治区人民政府印发的《宁夏回族自治区"十三五"全域旅游发展规划》又将星海镇纳入"贺兰山东麓葡萄文化旅游廊道"。现如今，星海小镇也已初步形成了一定的"1+3"产业体系：一是现状种植采摘。枣香村、祥河村、果园村等村已具备一定的西红柿、小麦、玉米等种植基础。二是现状农业科技园。除蝎子养殖的主营业务外，农业科技园还向农副产品研发和加工进行延伸。科技园研发了附加产品蝎子酒、大宝茶等，为本地居民提供就业岗位 20 余个。未来，科技园欲借势特色小镇的开发建设，向"蝎子养殖＋农业观光＋农旅体验＋特色养殖主题山庄"的全产业链发展。三是新型螺旋藻等新产品。星海镇引进德信控股（马来西亚）有限公司，打造千亩螺旋藻、灵芝、菌菇、虫草研发种植基地项目，尽管项目落位于特色小镇范围之外，但其影响力将覆盖整个镇域。项目以枸杞、红枣等为原料，进行产品研发生产，对适宜盐碱地生长的高附加值经济作物进行技术研发和产业推广，建成后通过技术推广可以实现盐碱地的资源高效利用。四是拟建冷链物流基地等。以上四大产业均处于初级发展阶段，但成长较为迅速。

4）名片四：五七干校，名人荟萃

每个时代都留下了自己的烙印，五七干校就是被记录其中的一个历史符号。"文化大革命"期间，为了响应毛泽东主席"五七指示"，一大批领导干部被下放到农村，参加劳动改造，体验农村生活，学习劳作知识，自给自足，自食其力。石嘴山市五七干校是全国规模最大、影响力最大的干部学校，这里不仅有多名领导干部，还有著名学者、知名人士。他们在学习期间，将自己生命中最珍贵的一段岁月留在了贺兰山下。

项目组在调研期间实地考察，亲身感受到当年各位"学员"的劳作生活方式，感叹五七干校的军事化管理机制。当然，随着时间的流逝，干校的大门已经斑驳，校内的建筑已经破旧，较差的现状条件致使这里已看不清当年的热闹喧嚣，唯有遗落下的标记符号，生产工具等彰显着当时干部们及各界人士下乡劳作的事实存在，描绘着"五七"指示的缩影。

5）名片五：移民大镇，文化高地

石嘴山境内自古以来就是移民地区，从秦、汉至清代就不断有人从中原和南方或者其他民族移民过来。新中国成立后，随着政策的改变，政府的扶持还有人民对于提升生活条件的追求，人口流动更加活跃。石嘴山市便是当时著名的移民城市，并在 1992—2004 年期间到达自流无户移民大量涌入的黄金时期，也达到了开发区经济社会发展的高峰期。隆德县和石嘴山的移民历史沿革，也是我们国家民族融合、地区融合的一个缩影（图 5-3）。

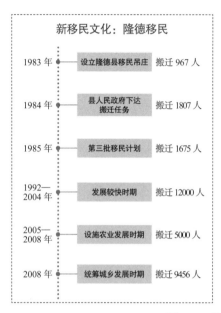
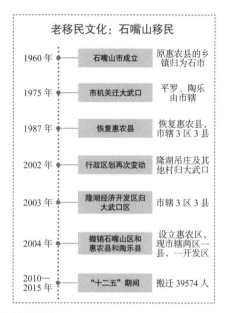

图 5-3　星海镇移民史

隆德县是全国文化百强县。国家非物质文化遗产普查目录 100 多个项目中，涉及隆德的达 50 多个。这些非物质文化遗产中，2 个被列入国家级非遗代表作名录，10 个项目被列入自治区级非遗保护名录（表 5-1）。隆德县还获得"中国现代民间绘画画乡""中国文化先进县""中国书法之乡"等殊荣。

表 5-1　隆德县自治区级以上非物质文化遗产目录

级别	项目	
国家级非遗	杨氏泥塑	高台马社火
自治区级非遗	民间绘画	剪纸
	刺绣	砖雕
	张喆生篆刻	杨氏泥塑
	高台马社火	六盘山九龙莲花池
	民间社火脸谱	民间祭山

通过以上对小镇生态、农业、文化等资源的梳理，项目组在众多的资源中发掘出了小镇的 5 张名片——"两湖联动，中间驿站""高铁新

区，东部门户""贺兰东麓，绿色田园""五七干校，名人荟萃""移民大镇，文化高地"。文化自信的深厚历史底蕴，天工物造的锦绣山湖，阡陌纵横的田园风光，节能高效的新型科技。如果这些名片优势能够充分利用，那么小镇的特色就不难被挖掘出来了。

5.1.2 破题：以五七干校为切入点，四个角度共促热度

五张名片的挖掘梳理出了小镇在环境、交通、产业、历史和文化方面的关键资源。再进行横向比较，五张名片中的环境可以作为基底、交通可以作为支撑、产业可以作为基础，而文化则可以作为待提升优势。进一步抽丝剥茧，小镇有关"五七干校"这一独特历史特征资源可以作为最具识别性的区域特色切入点。

小镇的五七干校不仅在全国属于规模最大的，且曾有多名国家级领导人和文化界巨匠在此工作生活。翻开小镇的名人簿，我们不难发现曾有1800多名国务院干部及家属在这里劳动和生活过。其中，不仅有40多名省部级领导和将军，还有主导建立中国汉语拼音体系的周有光、叶籁士等文化巨匠和国家级大师。

他们当年远离北京，风尘仆仆来到贺兰山下，用写字的手拿起了锄头，用纤弱的肩膀拉起了犁耙，在这片曾是荒野和牧场的土地上，度过了曾经的芳华岁月。非常巧合的是，这个小镇规划编制的过程中恰逢电影《芳华》热映。"芳华"这个 IP 给了我们非常大的启示。正所谓天时、地利、人和的情况下，小镇的特色资源、核心 IP 被这么确定了下来（图5-4）。

图5-4　五七干校，名人荟萃

当然，仅仅依靠"五七干校，名人荟萃"单一的资源是难以支撑一个特色小镇发展的。围绕"五七干校"这个 IP，进一步整合其他四大资源，甚至进一步带动周边、乃至区域的资源才能让星海小镇脱颖而出。因此，我们进一步对大区域—石嘴山市—小镇三个层面的分析，坚持从"人"的需求出发，通过小镇创新发展的四个角度来整合小镇的各类资源。这四个创新发展维度分别是：① 体现两湖联动、高铁首站的"高度"，即借力近沙湖景区的区位优势以及即将开通的高铁，截留全域旅游人群；② 彰显生态基底的"广度"，即以生态优先为原则，保障人的基本生存环境；③ 突出历史人文的"温度"，即通过五七情怀、记忆、文化体验项目，去聚集追忆人群；④ 实现消费升级的"跨度"，即结合旅游消费的升级趋势，使小镇旅游从大众旅游走向度假游、主题游。

5.1.3　解题：供给侧与需求侧同时入手，构筑产业、空间与运营的闭环 路线

明确小镇发展的核心 IP 问题之后，即围绕这个切入点构建"高度、广度、温度、跨度"四个思考角度。实际上，这也是理顺要素供给侧的若干思路。毫无疑问，需求侧的研究在这个过程中也是必不可少的。在对小镇的各类消费客户群进行市场分析后，初步确定以"文客、创客、食客、游客"四类"客群"作为核心消费群体。围绕"国匠大师"这个 IP，推动地方资源的进一步优化，从而借力资源提升小镇人气。

这四类需求侧的客群与供给侧的资源在小镇开发逻辑上形成了供需的联系。一方面，依托国家级大师等文化界名人在星海小镇的工作生活印记，结合目前星海小镇的文创业态发展的基础，延伸出探秘大师芳华岁月的"文客"和跨界发展的"创客"两类核心人群。虽然曾在这里奋斗过的那些国家级大师、文化巨匠、国务院系统的文化名人和机关干部早已返京，但是小镇仍然可以通过物质与非物质的点点滴滴印记找到他们的痕迹，更加可以利用国家级大师个人博物馆、工作坊等形式，进行文化产品的宣传。而且，还可以通过宣传的过程为小镇发展提供潜在的品牌资源，可谓是一举两得。另一方面，星海镇可依托两湖联动、移民重镇等特色，借助各式极具地域特色，同时又接地气的民俗资源和区位优势，为小镇吸引沙湖分流的"游客"以及回归田园的"食客"两类核心消费人群（图 5-5）。星海镇不仅可以依托本地地方特色风景文化发展"游客"，便捷的交通发展扩大了游客出行范围，多种旅行路线可供游客选择，在短期内指引充实美好的旅游方向，达到玩乐放松的旅游目的。在"吃货"的眼中，距离不是问题，时间不是问题，"食客"不是较外地人而言，而是较所有人而言。自给自足的加工生产方式延伸出一系列的食物产业链：生态基地的建立，中央厨房的产生，仓储物流的发展不仅给小镇带来经济发展机遇，还给远离城市喧嚣的游客带来闲云野鹤般的

自由；给天真活泼的儿童亲近大自然的机会；给花甲之年的老人提供修身养性的康养之地；给星海镇的居民提供创业、就业的发展机遇。本地居民可以赚钱养家，外地游客可以花钱买"瓜"，何乐而不为呢？

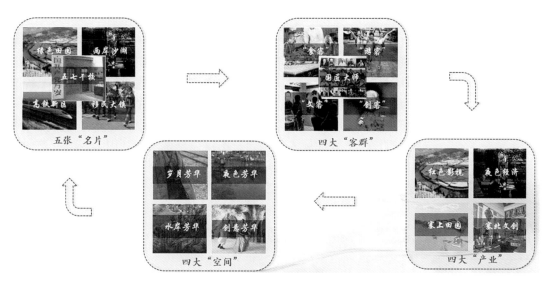

图 5-5　技术路线

1）定位：国匠芳华小镇

基于以上，我们提炼出"国匠芳华小镇"作为星海镇特色小镇的总体定位与核心 IP。规划以国匠芳华小镇为载体，展现国匠大师们的芳华岁月和青春记忆，宣扬大师们不畏困难勇于奋斗的精神。一方面，这里有周有光等国家级文化巨匠以及文化艺术类创新创业者这些未来的工匠；另一方面，这里载满这些人的芳华岁月和历史记忆，借助当时影片《芳华》的热播，又大大强化了小镇的品牌符号。

同时，通过核心资源带动产业空间联动，设立了四个分定位分别对应四个主题板块。基于自身及区域独特的自然和人文资源禀赋，围绕"国匠芳华小镇"的总体定位，规划提出"岁月芳华、创意芳华、夜色芳华、水岸芳华"四大分定位，如集聚民俗艺人、引导其进行创作和创新创业的创意芳华，以及古镇的夜色芳华和滨水田园的水岸芳华，着力打造以五七干校为核心的红色文化氛围以及沙湖古镇为核心的水岸商业群落。

2）产业：四个主题业态

为实现一张蓝图，基于四个分定位，围绕核心 IP 构建出一一对应的四大产业主题，星海镇特色小镇将聚焦文化旅游、文化创意、民俗体验、互联网＋现代农业、商贸物流、住宿餐饮等重点产业，策划出了一系列的创新性文旅产品（图 5-6）。

其中，针对"岁月芳华"这一定位，主要是基于五七干校旧址，借力中国三大影视城之一——宁夏镇北堡西部影视城的影响力，以"红色影视基地"为核心运营理念，通过场地租赁、深度消费嫁接等方式，在借势发展的同时，发展红色文化旅游功能，实现对品牌文化资源的持续性更新与利用。

针对"创意芳华"这一定位，依托文化人士，通过提供创作场地、打造创意集市、举办各类文化活动等，提升小镇文化内核。

针对"夜色芳华"这一定位，依托已建成的星海古镇商业载体和水系景观等资源，以夜色经济为引擎，助力特色小镇整体商业的价值提升。

针对"水岸芳华"这一定位，构建"本地采摘＋精深加工＋全程冷链物流＋网络化经营"的农业全产业链，带动整个区域现代农业的多元化发展。

通过以上产业的导入与构建，不仅充分调动和利用了当地资源、产业和旅游设施，还促进小镇形成功能复合、联动发展的整体格局。

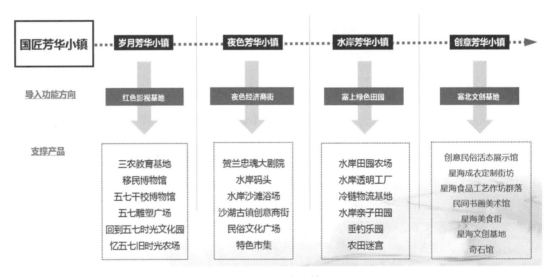

图 5-6　四大产业体系

同时，文旅产品的打造过程中，还结合产业功能定位，联动内部遗址与周边美丽乡村等资源，打造出田间骑行、云厨房等系列项目。其中，导入红色影视基地的岁月芳华小镇，涵盖三农教育基地、移民博物馆、五七干校博物馆、五七雕塑广场、回到五七时光文化园、忆五七旧时光农场等多个科普类、文化类项目，对于带动区域人气和收益的提升功不可没。

3）空间：对应四大产业主题，结合现有设施，规划四大板块

结合当地资源、产业载体和旅游设施，构建围绕"国匠芳华小镇"IP的四大空间板块体系，提出"岁月芳华小镇、创意芳华小镇、夜色芳华小镇、水岸芳华小镇"四大板块，策划出系列创新性的文化旅游产品。

同时，各板块策划出诸多小而精的项目，通过小项目的触媒作用、空间联动效应，实现"小项目，大效果"。如"岁月芳华小镇"中，我们在五七干校博物馆的基础上，增设了五七博物馆、干部之家、五七食堂、五七供销社、周边产品加工等小项目，为现代人提供一个可以忆苦思甜的体验场所。同时，五七干校对面的造纸厂，原来为劳动改造地，目前为闲置工厂，规划将其策划为文化创意片区，拓展红旗影院、东方红剧场、手工作坊、五七文化VR展示厅等项目，为文化人士提供相关消费的场所。此外，在造纸厂到五七干校之间，我们规划了一个小广场，即五七雕塑广场。由于目前广场所在位置只有几栋民房，所以建设成本很低，但其经济效益和社会效益都很大。小广场不仅为我们策划的系列文化展演活动的举办提供了充足的场地，更为重要的是，还使原本在空间上已完全割裂的五七干校片区和造纸厂片区两个大的片区连在了一起，形成了一个内涵丰富的、完整的大景区（图5-7）。

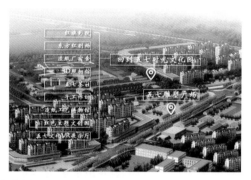

图 5-7　五七雕塑广场

4）运营：对应四大空间板块，策划出系列可落地的行动抓手

对应各个板块，策划出系列可落地的行动抓手。为促进规划的有效实施，我们对应四大主题板块，通过对接已实践的成功案例，分别策划出系列可落地可实施的行动抓手。

在"岁月芳华小镇"板块，我们以"红色影视基地"为核心运营理念，依托五七干校等本底红色文化旅游资源，通过与镇北堡影视城和大沙湖景区一体化运营，如将星海小镇作为一个整体的项目，初期为快速提升人气，可以和旅游公司合作，采取免费形式，与沙湖—镇北堡影视城打造联票。由于旅程短、项目有特色，很容易吸引游客前来，这样，小镇就以几乎零成本的方式实现了品牌宣传，实现了深度的消费嫁接（图5-8）。

在"创意芳华小镇"板块，依托五七干校名人、宁夏及隆德县搬迁过来的民俗艺术家、周边高校学生、当地艺术爱好者等本地文化资源，通过组织活动，调动政府、企业、社区、居民的文创积极性。通过文创

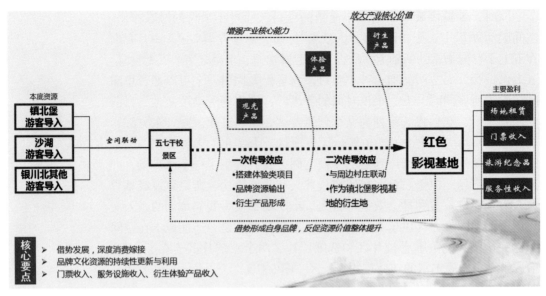

图 5-8　岁月芳华板块运营理念

产品及服务的供给，在提高本地财政收入的同时，也可带动本地农民就业、提升特色小镇的文化内核及品牌。

"水岸芳华小镇"板块则对标江苏南京巴布洛的中央厨房，以农林牧渔为基础，延伸"采＋产＋供"等功能，通过三步走，发展农业全产业链。打造以食品加工与物流配送为主体的中央厨房，主要负责优质农产品的初、深加工和定型包装产品。消费者可在种植基地体验采摘的乐趣，再通过相配套的云厨房直接购买、品尝新鲜食材，也可以通过网络平台进行购买，实现线上线下相融合。这样能够扩大服务圈层，进一步服务宁夏大银川都市圈的市民及游客。

"夜色芳华小镇"板块则是依托沙湖古镇，对标浙江嘉兴乌镇，以夜色经济为引擎，打造以"晴不如阴、阴不如雨，雨不如夜"的夜色芳华体验。研究发现，沙湖景区的游览时间均在上午，且餐饮、住宿均不在景区内。基于这个信息，加之小镇的近距离优势，规划沙湖古镇将通过打造餐饮、住宿、光影演绎等夜间活动和消费项目，吸引来自宁北、蒙南乃至全国各地的游客。

这些抓手性行动大大催化了小镇各个板块的发展。

5.1.4　小结

我们以小镇内比较有特色的国务院直属、当年全国规模最大、目前保存最完整的五七干校为切入点。同时，围绕五七干校，我们结合其他四大名片，相应延展出四大客群、四大产业及四大空间，形成从资源—市场—产业—空间的这样一个技术路线。

在这一路线体系下，首先，围绕定位，我们结合破题点五七干校的名人资源，提出了小镇的核心IP。即贺兰山下饱含五七记忆的国匠芳华小镇。总体定位之下，我们又结合其他资源，设置了四个分定位。其次，基于四个分定位，相应构建出四大产业主题。在其文旅产品的打造过程中，结合产业功能定位，联动内部遗址与周边美丽乡村等资源，打造出田间骑行、云厨房等系列项目，带动区域人气和收益的提升。再次，对应四大产业主题，结合现有设施，规划四大空间板块。各板块策划出诸多小而精的项目，通过小项目的触媒作用、空间联动效应，实现"小项目，大效果"。最后，对应四大空间板块，我们团队又策划出了系列可落地的行动抓手。如岁月芳华板块，借力镇北堡影视城的品牌影响力，以"红色影视基地"为核心运营理念，通过与大景区实现"一票通"等模式，进行深度消费嫁接，实现借势发展。

这一项目充满了挑战与温情。一是本项目属于少见的，地处西北大旅游区的文旅类特色小镇，团队在这一项目的进展中做出了不少新的尝试与思考。二是团队里年轻队员的创新思路，总能惊艳到大家，这也是成功的关键。星海镇项目的组织过程中，非常强调IP的策划和包装。技术团队虽然年轻，但较为活跃，无论在规划、策划，还是设计上，都有非常多的创新。三是虽然项目的题材有点特殊难以下手，但我们仍旧做出了优异的成绩。总体来说，五七干校题材的文旅项目并不罕见。但在如此偏僻的地方，做一个文旅小镇其实是件很难的事情。我们抓住五七干校这个唯一的资源，虽然它有点敏感，但我们认为老一辈的文化巨匠和国家级大师们不应该被忘记，我们应该怀着敬畏的心情让人们知道这段岁月和历史，记住他们能在如此艰难的条件下还能坚持创作，而这，也正是国匠芳华小镇所要诠释的精神。

5.2　产业小镇：安徽合肥机器人小镇规划实践[②]

5.2.1　背景：机器人时代即将到来

提起机器人，喜欢动漫作品的人可能首先想到执着而勇敢的瓦力机器人，喜欢科幻大剧的人可能会联想到星球大战的C-3PO和R2-D2，即使是喜欢普通剧情的人，也曾幻想温情而善良的机器人管家安德鲁能陪伴我们成长。而这些活在炫酷或神秘场景中的虚拟人类，并非真正遥不可及，它们在现实生活中也在真正诞生并成长着。这些被赋予各种看似虚幻的神技的机器人，也能同机器人领域的各个类别互相对应。瓦力是垃圾配置承载起重机器人，C-3PO是社交礼仪机器人，R2-D2是宇航技工机器人，而安德鲁是家用服务机器人……

作为第四次科技革命的典型代表领域——人工智能和机器人产业的

发展水平也成为一个区域科技发展水平的重要衡量标准。为抢占在机器人领域的发展高地，世界上各个国家和地区都在积极布局与机器人产业相关的科技发展战略，中国也不例外。为促进机器人产业的发展，把我国建设成为引领世界制造业发展的制造强国，我国颁布了一系列与机器人产业相关的政策法规。2015年国务院发布《中国制造2025》，作为中国政府实施制造强国战略第一个10年的行动纲领，将机器人产业作为中国制造2025的重点发展领域，积极鼓励扶持人工智能和机器人产业的发展。2016年为推动我国机器人产业快速健康可持续发展，三部委（工业和信息化部、发展改革委、财政部）联合发布了《机器人产业发展规划（2016—2020）》，对我国机器人产业如何实现发展提出了具体的目标、要求以及主要任务，为我国机器人产业发展指明了方向。

得益于国家对机器人行业的大力扶持，我国机器人行业处于爆发式规模增长期，已连续5年成为全球最大的工业机器人市场，2017年中国工业机器人销量同比增长达60%，市场占比达到34.98%。同时，随着我国人口老龄化趋势的不断加快，以及医疗、教育需求的持续旺盛，医疗、教育等服务机器人也存在巨大的市场潜力。除此之外，特种机器人的应用场景也日益扩展，它在应对地震、洪涝灾害和极端天气、矿难、火灾等公共安全事故中发挥的作用越来越大，因对其需求突出，2016年我国特种机器人市场增速达到16.7%，略高于全球水平。

在此背景下，南艳湖机器人小镇作为产业类小镇被评为安徽省合肥市首批市级特色小镇。小镇位于合肥市经济技术开发区（下简称经开区）、包河区与滨湖新区交界地带，是合肥对外联系的西南门户，也是连接高铁南站版块与滨湖新区版块的重要通道。小镇周边交通便利，京福高速铁路、沪汉蓉高速铁路、京台高速、312国道等重要交通设施沿小镇边界穿越而过。合肥轨道交通地铁1号线距小镇直线距离10分钟，规划中的轨道交通7号线穿镇而过，区位交通优势明显（图5-9）。

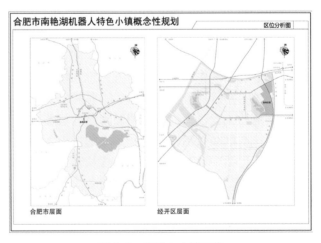

图5-9　机器人小镇区位

南艳湖机器人小镇是依托合肥清华启迪科技城和哈工大机器人（合肥）智能装备双创基地高标准打造的以机器人、人工智能等产业为主的高新科技小镇，总面积约为 328.65 hm²。其中启迪科技城位于合肥经开区南艳湖畔，面积约为 64.54 hm²。哈工大机器人（合肥）智能装备双创基地是哈工大机器人集团有限公司旗下的合肥机器人生产研发基地，面积约为 14.07 hm²（图 5-10）。

图 5-10　机器人小镇规划范围

5.2.2　小镇基础条件分析

1）机器人小镇发展的优势

（1）优良的生态资源

南艳湖机器人小镇处于发展水平较高的经开区，虽然小镇内绿地资源较少，但小镇被三大碳汇环绕，拥有较好的生态环境基底，只要妥善借力，将为小镇生态环境的提升提供强力的支撑，形成城市生态绿心（图 5-11）。

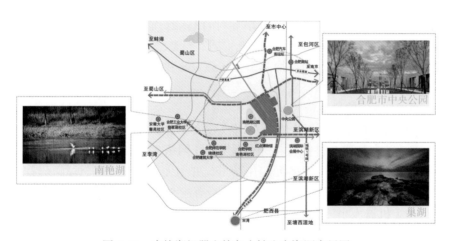

图 5-11　南艳湖机器人特色小镇生态资源布局图

小镇西部有南艳湖生态公园，南艳湖机器人特色小镇与南艳湖生态公园仅一路之隔。南艳湖公园改造项目早自 2015 年就已启动，致力建设成为具有国家级水平的园林化生态观光开发旅游区。后又于 2018 年建设了南艳湖全民健身中心。

小镇东部计划规划大型中央公园，占地 7 km² 左右，建成后的中央公园拥有较高的绿地覆盖度，将大大提升机器人小镇的生态环境质量，为小镇入驻企业和外来人员带来"城市绿肺"的良好体验。同时，小镇距离我国五大淡水湖之一——巢湖仅20分钟车程。巢湖湖畔不仅有万达水上乐园，同时有滨湖国家森林公园，为家庭休闲、亲子游乐、郊野度假提供了非常便捷的环境基础。

（2）丰富的文化科技旅游资源

小镇周边有众多文化科技类景点，例如周治春纪念馆、盛习友纪念馆、红点博物馆、兆易集成电器科技馆、哈工大机器人华东产业基地机器人展馆、清华众创研学基地等。为小镇文化的发展以及发展沉浸式文化科技体验提供了资源基础。

（3）良好的产业基础

小镇聚集了大量的科技研发要素，清华大学合肥公共安全研究院、哈工大机器人（合肥）国际创新研究院、人工智能和机器人国际研究院、潘际銮院士工作站、清华启迪机器人产业基地等多所高端机器人科研院所入驻小镇，为小镇乃至全国机器人产业的创新发展提供智力支持和技术保障；与此同时，小镇汇聚了创新创业资源，已入驻哈工大机器人集团合肥有限公司、舒合机器人科技有限公司、爱依特科技有限公司等相关的中小企业，促进了小镇机器人产业的发展壮大。因此无论是研发力量还是企业力量，小镇都具有一定的基础。

（4）先进的教育水平

南艳湖机器人小镇拥有十分丰富的教育资源，结合清华、哈工大、中科大的丰富教育资源，开拓培养符合高端智能机器人产业发展要求、高素质复合型产业人才教育的创新模式，打造独特的产业人才培养方式，推动工业转型升级，为加快制造强省建设提供教育资源支持，为"中国制造2025"战略提供坚实的人才支撑。

（5）领先的科技资源

安徽省首个5G基站位于小镇核心区，由安徽启迪科技城联合安徽联通、华为共建。科技城将充分发挥5G网络大带宽、低时延、海量连接等优势，覆盖园区内多元应用场景，并为无人驾驶、智慧城市、智慧工厂、工业互联网等项目的研发和试验搭建5G行业创新资源平台。

2）机器人小镇发展的劣势

虽然坐拥市场优势和政策红利，但通过现场走访调研和资料研究，我们发现目前小镇仍存在诸多问题，其中最严重的是"散"的问题。由于机器人小镇所在片区大部分处于城市建成区，但特色小镇从2017年才开始规划建设，因此，目前小镇存在各板块相互独立，缺乏关联的问题。主要表现在四大方面：

一是资源分布散。小镇内部及周边分布着诸多高端科研创新资源，有高校科研院所、科研机构、国家实验室等。但由于早期采用开发区的招商模式，使得各资源零散分布，相互之间缺乏统一联动性。

二是两个运营主体很难统一。安徽合肥由清华大学（下简称清华）主导的启迪科技城和哈尔滨工业大学（下简称哈工大）主导的机器人华东产业基地，各自主导领域不同，在产业运营等方面也有差异。

三是小镇功能板块间的统一性和联动性有待提升。如经过实地调研和问卷调查，我们发现不仅小镇的两个产业核心板块之间缺乏产业关联，产业板块与其他板块（如居住板块、生态休闲等板块）也相对割裂，周边生态资源与小镇关联不大，南艳湖湿地公园利用率不高，整个小镇缺乏机器人产业的创新和活力元素，整体风貌和景观风格尚未构建。

四是小镇内部现有企业间的互动和联动不足。产业环节出现断链，企业运行综合成本较高。由于机器人小镇于近两年才发展起来，已经落户的企业数量相对较少，企业间联动性差。相关机器人零件的采购地远至长三角、珠三角、东北部等地区，加大了企业间的联动成本。

3）机器人小镇发展面临的机遇

当然，机器人小镇的发展虽然面临着不小的行业痛点，但得益于国家发展战略及区域发展状况的支持，机器人小镇也具有较为难得的发展机遇。

（1）政策红利

国家政策积极鼓励支持机器人产业的发展。为此，国家颁布了一系列促进机器人产业发展的相关政策。例如2012年科技部发布《服务机器人科技发展"十二五"专项规划》；2012年工信部发布《智能制造装备产业"十二五"发展规划》；2013年工信部发布《关于推进工业机器人产业发展的指导意见》；2015年国务院发布《中国制造2025》，国家工信部批复合肥成为"中国制造2025"试点示范城市，合肥跻身制造业"国家队"；2016年发布《机器人产业发展规划（2016—2020）》；2018年科技部发布了国家重点研发计划"智能机器人"等重点专项申报指南。

长江三角洲城市群发展规划中将合肥、马鞍山和芜湖三市定位为合肥都市圈，利用其在长江经济带中承东启西的区位优势，发挥资源富集优势，推动创新链和产业链融合发展，提升合肥的辐射带动功能，打造区域增长新引擎。

安徽省政府也十分鼓励人工智能和机器人等高新技术产业的发展。2015年安徽省政府印发了《中国制造2025安徽篇》；2016年安徽省政府办公厅发布《安徽省战略性新兴产业"十三五"发展规划》；2018年安徽省人民政府发布了《安徽省机器人产业发展规划（2018—2027年）》和《支持机器人产业发展若干政策》。合肥将成为新一代机器人创新研制基地的产业集聚区，是安徽省机器人产业发展的"策源地"之一。

合肥市政府为推进高新技术产业的发展，也出台了一系列相关政策推动产业转型升级。2016年到2018年，先后印发实施《战略性新兴产业集聚工程实施方案》《合肥市"十三五"战略性新兴产业发展规划》《合肥市培育新动能促进产业转型升级推动经济高质量发展若干政策实施细则》等文件。

（2）地缘优势

① 地处中国制造优势地区，小镇机器人产业发展将面临巨大需求

为全面推进实施制造强国战略，国家工信部批复包括合肥在内的系

列城市作为"中国制造2025"的试点示范城市。合肥作为制造业先锋，被列入"国家队"。2018年5月，随着世界制造业大会在合肥市圆满落幕，合肥又被选定为世界制造业大会永久会址。

② 地处国家首个机器人产业集聚发展试点，机器人产业基底良好

芜马合机器人战略性新兴产业区域集聚发展试点在2013年就获得国家发改委和财政部的正式批复。按照批复要求，芜马合地区将被打造成为具有全球竞争力的自主化机器人产业基地。芜马合机器人产业集聚区将重点突破精密减速机、伺服电机及驱动器等核心技术，形成机器人技术创新体系，培育领军企业，形成具有国际竞争力的机器人产业集聚区。

③ 地处我国第二个综合性国家科学中心，小镇发展机遇千载难逢

凭借雄厚的科研实力和资源，2017年1月，合肥综合性国家科学中心的建设方案被国家发展改革委和科技部联合批复。作为国家正式批准建设的第二个综合性国家科学中心（目前国内仅有三个：上海，合肥，北京），合肥成为代表国家参与全球科技竞争与合作的重要力量。同时，也将通过国家实验室、世界一流重大科技基础设施、交叉前沿研究、产业创新转化等重量级研发创新平台的建设，聚集一批高端要素。

4）机器人小镇发展面临的挑战

为了充分发挥安徽启迪和哈工大在机器人方面的研发优势，更好地定位机器人小镇的产业发展方向和重点，打造区域范围内的机器人产业领军科技基地，需对我国机器人行业发展面临的挑战进行梳理，以制定符合产业发展规律和趋势的发展战略。

那么，我国机器人行业的发展存在哪些问题呢？

第一，我国机器人产业的核心技术依然存在壁垒，主要体现在关键核心技术尚未突破，核心零部件大量依赖进口，导致产品成本增加，自主品牌市场占有率低。国外品牌占据中国工业机器人市场60%以上的份额。在研发方面，以学院研发为主，缺乏科技实力雄厚的大企业，产学研结合不紧密，知识产权保护意识弱，国外巨头抢先进行专利布局。

第二，在服务机器人领域，随着我国人口老龄化不断加剧，服务机器人市场缺口加大，服务机器人需求旺盛，但我国的服务机器人远未实现规模化生产与应用。相关数据显示，2019年我国服务机器人规模有望接近152亿元，市场需求增长态势强劲。然而与巨大的需求相对应的是我国目前的服务机器人公司大多数处于初期或成长阶段，规模较小，中国机器人厂商有九成企业规模在1亿以下。

第三，低端领域机器人同质化竞争激烈。机器人产品主要是三轴、四轴的中低端机器人，高端机器人主要依赖进口，且大多聚集于产业链下游，主要是系统集成、二次开发、定制性部件和售后服务等，很多国产工业机器人企业都是通过做系统集成项目，搭售工业机器人。

第四，我国机器人产业发展滞后导致人才匮乏。我国机器人行业起步较晚，机器人教育也比较滞后。机器人教育专业尚未进行全面推广，

极度缺乏研发设计等中高端人才。在职业教育方面，缺乏统一正规的职业培训。同时，业内从业经验丰富者后期倾向于离职进行机器人相关的创业，人才流失率高。

5.2.3 规划策略及规划实施

1）规划策略：通过聚集资源、聚合产业链、聚焦龙头、提升空间，共促模式聚变

通过对机器人小镇发展基础条件的分析，可知机器人小镇本身具有极强的发展基础和良好的发展机遇，但同时也面临着先天不足的劣势和我国机器人行业固有的挑战。在此背景下，我们如何充分利用小镇的自身优势，搭乘高新技术产业发展的快车，弥补短板、克服挑战，来推动机器人小镇的建设、发展和完善呢？

针对机器人小镇的自身短板和行业挑战，我们采取了以下发展策略，以合理地利用已有资源，扬长避短。通过"四聚"的发展策略（图5-12），在解决"四散"问题的同时，合理地融入解决行业痛点的方案，形成一条基于南艳湖机器人小镇实际情况的发展路线：聚集资源—聚合产业链—聚焦龙头企业—促进小镇模式聚变。

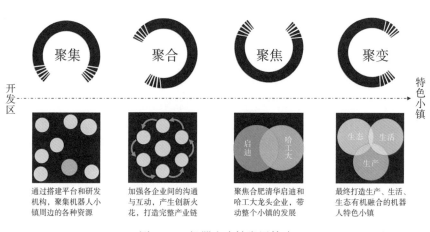

图 5-12　机器人小镇发展策略

聚集资源即通过搭建产业服务平台等手段，将散布在小镇周边的优势资源进行整合。通过建立后服务及智慧化生活示范试点、聚合产业链条等手段，形成一个完整的产业生态，打造一条完整的机器人产业链。在此基础上，建立一个多元主体共同参与的开发运营管理体制，把合肥清华启迪和哈工大两个龙头企业联合起来，共同带动机器人小镇的发展。在机器人小镇产业格局基本完善的前提下，通过梳理结构、搭建廊道等方案将小镇的各个功能板块联动起来，使小镇的"三生"（生产、生活、

生态）功能互相融合，最终达到聚变，实现从产业园到特色小镇的跨越。

2）规划实施：打造公共平台，聚集内外资源

不同于传统产业，机器人产业为高新技术产业，结合行业痛点的剖析，我们发现它的成功关键在于核心技术的研发和创新。因此，小镇若要真正将机器人产业培育和发展起来，首先就必须吸引大量的科教、研发、设计、技术创新等方面的要素聚集，来重点突破目前国内机器人行业的瓶颈问题。而反观小镇，其范围内及周边其实存在诸多可以利用和聚集的重磅资源。

一方面，小镇内部，依托清华大学、哈工大等国内顶尖高校资源多。合肥清华启迪科技城机器人产业基地、哈工大机器人（合肥）国际创新研究院、中国焊接专业泰斗——潘际銮院士工作站、陈国良院士工作站在内的高端智能机器人科研机构已落地机器人小镇。小镇周边也聚集了中德合肥学院、德国工业4.0（合肥）合作促进中心等重大项目。

另一方面也是最重要的，作为全国第二个综合性国家科学中心，合肥市具有雄厚的科研实力。合肥是世界科技城市联盟（WTA）会员城市，也是全国首个科技创新型试点市，同时拥有4个国家实验室、8个大科学装置、7个自建科学平台，拥有中科院合肥物质科学研究院等各类研发机构820家。截至2015年，仅在合肥工作的两院院士就有70人等。

因此，身处其中的小镇如何对待并有效利用这些重大资源，是小镇规划首先要考虑的问题。基于高端要素聚集的小镇内涵，规划提出：

第一，打造统一的产业公共服务和共享平台。要通过打造统一的产业公共服务和共享平台，如知识产权交易平台、机器人技术鉴定中心、技术交易平台、成果转化中心、产品中试平台、机器人自动化及调试系统等公共平台，为内部及周边企业提供产业服务。

首先应当结合小镇独有的科研优势，聚焦关键要素，紧抓一个核心，强化研发设计产业前端环节。同时，为保证研发设计产业前段环节的顺利开展，在产业服务方面，要完善创新服务体系平台，打造创新要素枢纽。这些平台包括创新孵化服务平台、人力资源服务平台、科技研发服务平台、市场推广平台、投融资平台和数字运营平台。

第二，打造专业研发机构，聚集内外资源。在建立产业服务平台的同时，也要利用平台聚集小镇范围内及周边零散的优势资源，联动全市科研资源，规划建设各类院士工作站、博士后科研流动站、专家工作室、各类研究院等研发机构，吸引院士、博士、海归专家等机器人产业高端研发人才入驻，作为创新智脑，打造小镇内乃至区域内的机器人产业创新要素聚集区，促进内外部散布的科研资源发挥其最大效应，带动中小企业的创新与研发。

3）规划实施：打造试点示范，聚合产业链条

（1）完善机器人小镇产业链

通过规划研究发现：近年来我国在机器人产业和应用方面虽然均已

取得突飞猛进，但与发达国家相比，我国机器人的应用水平仍差距明显，如有数据表明，我国家庭服务机器人在沿海城市的产品渗透率为5%，内地城市仅为0.4%，而美国是16%的渗透率，差距巨大。

因此，规划提出要借力区位优势延展机器人产业链条，延伸机器人在智能生产及科技生活的场景应用，构建"研发—生产—应用—反馈—再研发"的闭合产业链。规划充分考虑到小镇未来会聚集诸多高端要素，且位于合肥市这个发展水平较高、交通通达度高、消费能力较强的省会城市的中心板块，科技型智慧化生活的体验诉求强烈，加之周边聚集白色家电、汽车等诸多制造业龙头，机器换人、智能化生产的诉求同样强烈，因此，规划提出在小镇中建立机器人"应用及后服务"的产业链后端环节，在这3—4 km^{2}的小镇区域，尝试性打造高科技体验和机器人示范应用区，推动机器人产品的市场应用。此外，通过机器人产品应用实践，及时反馈，对产品再研发，促进产品的升级换代。

引导机器人产业三大中间环节的聚合：一是依托哈工大机器人（合肥）智能装备双创基地在核心零部件精密减速器检测装置研发领域取得的优势，大力发展精密减速器整机及关键零部件检测。二是扶持小镇内机器人本体制造企业不断改进研发生产水平，鼓励支持机器人本体制造高端化发展。三是深入发展焊接机器人、切割机器人、搬运机器人及上下料机器人等工业机器人的集成能力，引导机器人系统集成企业精细化发展。

（2）打造高科技体验和机器人示范应用区

在南艳湖机器人小镇的产业链下游环节，先行试点示范机器人应用，通过引入小镇生产的机器人等人工智能产品，打造智能社区、智慧医疗、智能交通、智能公共安全设施等。重视布局机器人文化教育领域，主要体现在机器人会展赛事、机器人文化体验、机器人基础教育、机器人职业教育等方面。

如规划建设试点示范智能社区。依托哈工大安保机器人产品、智慧消防系统等基础，在小镇内选取1—2个社区进行智能门禁、智慧对讲、机器人保安、安全监测系统等智能化设施及系统的智能社区试点，通过试点应用和反馈，促进产品升级。

又如试点示范智能交通。依托小镇完善的现代化道路交通设施、智能驾驶辅助系统及智能交通大数据平台等基础，打造智慧停车、驾驶员注意力分散预防、基于传感器的汽车安全、行人分析、测绘模拟与图像识别、激光雷达技术等智能交通的试点等。

（3）营造健康完整的产业生态

基于以上，规划提出要促进小镇机器人产业的健康发展，首先需构建出一个完整的产业生态。依托小镇现有基础，通过完善人才、产权等技术服务，以及生产和生活性服务支撑体系，发挥科研创新优势，以机器人核心技术研发和产品设计为核心，拓展核心零部件、本体制造、系统集成等下游领域，抢先布局机器人的示范应用及后服务市场，构建完整的机器人产业生态，实现产业快速聚集，满足小镇居民、科研院所、周边企业及运营管理机构四大主体诉求，助力区域整体产业升级。

4）规划实施：聚焦两大龙头企业，建立统一的管理运营机制

小镇内清华启迪科技城和哈工大机器人华东产业基地都已经具备较为雄厚的机器人科研实力，但两个龙头企业在此之前各自为营，没有形成良好的联合和互动，使得小镇的发展缺乏强有力的统领来进行长远的规划和带动作用。

为保证小镇阶段建设的顺利推进，小镇规划建议成立合肥经济技术开发区南艳湖机器人小镇建设领导小组，由合肥经开区管委会相关负责人、合肥经开区区属相关部门分管负责人及安徽启迪科技城投资发展有限公司（以下简称"启迪"）、哈工大机器人集团合肥有限公司（以下简称"哈工大公司"）主要负责人为成员。领导小组下设办公室，办公地点设在合肥清华启迪科技城，经贸局主要负责人兼任办公室主任，启迪分管负责人兼任办公室常务副主任，哈工大公司、经贸局分管负责人兼任办公室副主任，承担领导小组的日常工作。各成员单位充分发挥各自职能作用，支持南艳湖机器人小镇建设发展。

同时，南艳湖机器人小镇采取"联合投资人模式"，由机器人小镇各主要成员单位（海恒投资控股集团、启迪、哈工大公司等）按一定比例出资，共同成立"合肥南艳湖机器人小镇项目管理公司"，统一负责小镇的建设、运营和管理工作。市场方由海恒投资、安徽启迪和哈工大公司等单位共同出资设立合肥南艳湖机器人小镇项目管理公司，作为机器人小镇的建设、运营主体。

通过这种方式，建立多元主体共同参与的小镇开发和运营的管理体制机制，使小镇的两大龙头企业联合起来，在"政府引导、社会参与、市场运作"的原则下，最大限度地带动机器人小镇的发展。

5）规划实施：打造"三生"融合的空间格局

针对小镇空间上各功能板块间缺乏统一性和联动性的问题，规划在空间方面从几个角度进行了呼应：

首先，借力空间结构，规划形成"一心一核三轴三区"的空间结构。通过产业联动发展轴等，联动创新研发核心区、科技生活示范区和智能生产功能区三大功能区，同时串联创新服务中心和机器人产业核两大产业发展核心，将其在空间上联系起来。

其次，借力绿地景观系统，规划形成"双核、三节点、四廊道、多绿地"的绿地景观系统。通过规划景观联系廊道和防护绿地等，将小镇各板块进行有机串联。如分别沿小镇主干及次干道，规划了四处景观联系廊道，将小镇与南艳湖公园、中央公园两大核心进行连通。同时，分别沿轩辕路、观海路、慈光路和锦绣大道等小镇重要道路，规划形成多处防护绿地，连接核心景观和节点景观，结合道路绿化，将小镇内外景

观节点串联起来，形成一张整体的生态绿网。

再次，借力文化旅游，规划形成"两类、四心、多点、多线"的文化旅游项目布局，通过对小镇中文化旅游的布局规划，串联科普研学、休闲娱乐等零散分布的文化旅游资源和项目。

最后，通过三类功能的分布，规划形成"三生"融合的空间格局。结合机器人小镇不同板块的主导功能，通过各个功能板块内不同类型的功能项目，加强"三生"功能的有机融合，最终形成生产、生活、生态三大板块主导功能各有侧重，同时又交融镶嵌不同附属功能，整体相辅相成的"三生"融合的整体空间格局（图5-13）。

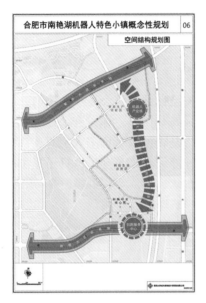

图 5-13　机器人小镇空间布局

5.2.4 规划创新总结：从开发区到小镇的模式聚变

综上，本规划基于小镇面临的挑战和"散"的问题，提出"四聚"发展策略，即通过搭平台，聚集小镇内外资源；通过前后链企业联动，聚合产业链条，通过建立体制机制，聚焦两大龙头；再通过以高端要素聚集为出发点的空间提升，打造"三生"融合的小镇空间；最终实现从开发区到特色小镇的模式聚变和能级跃迁。

5.3 人文小镇：湖北随州洛阳镇世界古银杏小镇实践[③]

> 等闲日月任西东，不管霜风著鬓蓬。
> 满地翻黄银杏叶，忽惊天地告成功。
>
> ——宋葛绍体《晨兴书所见》

当你忽略太阳的东升西落，也不关注自己的仪态是否端庄时，满地的银杏叶告诉你，一年又过去了。忙碌的日子里，你得到了什么？收获到自己想要的了吗？千年银杏树群落，是否可以带你陷入沉思，满地黄灿灿的银杏叶能否给你带来沉静，让你静下心来享受忙碌日子里那珍贵的悠闲时光！

5.3.1 背景：千年古银树群落小镇现状发展问题

湖北省随州市洛阳镇拥有世界排名第一的古银树群落，仅千年银杏树就达308棵，百年银杏树过万棵。不仅如此，小镇还拥有与周边城市来往的便捷交通系统、武汉等隐形市场的需求以及丰富多样的区域资源等明显的外部条件优势（图5-14）。

然而，在各方面都相对优异的条件之下，基于单一的旅游景点，观光所带来的消费群体规模受到了限制，游客选择的方向较少，游客数量降低——市场乏力；同时，消费群体规模的制约将导致所产生的消费收入有限，影响小镇的经济增长——收益乏力；游客数量的降低影响了观光产品的销售，并存在滞销的可能性——增长乏力。基于此，我们认为洛阳镇在以下几个方面存在问题：

1）城镇空间：优质空间充足，但整体风貌未体现地域特色，建设水平滞后，空间品质有待提升

洛阳镇依托自然人文景观形成了一批独具特

图5-14 洛阳镇地理区位图

色的优质空间，如桃源河、郑家河为代表的优质滨水空间，油菜、仙人洞为代表的大地肌理，胡家河、同兴村为代表的山林景观空间，以及以荆楚古建筑文化、新五师革命旧址为代表的历史文化类精致空间等。但在空间的具体开发实施上，仍处于初级阶段，且发展单一，尚未形成明确的规划体系和发展目标。

2）产业发展：整体产业缺乏系统统筹，银杏特色旅游产业发展鲜明，但相关产业之间关联度不够，亟待增强地区产业粘连性

洛阳镇在农业上形成了以银杏、食用菌、板栗、蔬菜、茶叶、水果、中药材为主的经济作物种植业和单季稻、玉米、小麦等粮食作物种植业；在工业方面上总体格局以新能源、农产品加工、建材、矿石等为主；在服务业方面以旅游业和商业贸易为主。三次产业均已初

图 5-15　镇域资源分布示意图

具规模和基础，且形成一定特色，尤其银杏旅游特色突出，旅游资源丰富，但产品层次单一，仅以观光型旅游为主，产品体系不具备强驱动力，处于旅游发展的起步阶段。同时，受到洛阳镇丘陵状地形地貌影响，这些散点状资源分布十分分散，总体产业缺乏联动，整体产业体系缺乏统筹发展（图 5-15）。

3）基础设施：现状薄弱，交通供给不相匹配，未来将会有质的提升

洛阳镇现有城市基础设施建设品质较低，目前有较完善的教育、医疗、社会福利、商业等基本的服务配套设施。但是文化、公园、体育等旅游服务设施相对欠缺。排水、燃气、通信、综合防灾等市政设施严重匮乏。汉十高速在洛阳镇设置一处高速公路出入口，京洛线 X004、安桃线 X006 分别纵贯和横穿全区，且为区域性过境交通道路，现有七个社会公共停车场。随着洛阳千年银杏谷的发展，近年来交通需求逐年递增，交通供给不相匹配，时常出现拥堵现象。现有基础设施的质量将阻碍整个小镇规划体系的发展。因此，提高基础设施的建设品质是未来洛阳镇发展的基础。

4）资本运营：亟须转变单一运营开发模式，推动特色小镇建设发展

洛阳镇银杏观光旅游时兴，高峰日游客量最高达到四万人，但开发运营模式单一，主要以门票收入作为盈利，导致到访游客市场需求挖掘不

足，消费客群过于单一，季节性观光旅游现象突出。此外，现仅有玉龙公司作为主要投资方进行开发建设，由于建设力度有限，单一的开发建设模式已不能满足小镇发展需求，急需多样化的企业参与到发展建设中。

通过分析研究，我们认为洛阳镇依靠区位优势与要素线性投入的传统模式已经到了极限，小镇需要突破传统模式的框架，发掘新的方法，抓住创新下的机遇，找到正确的发展路径才是发展的重中之重。针对以上几个问题有针对性地提出解决办法，小镇的发展才会有质的飞跃。

5.3.2　古银树小镇思路创新下的机遇与发展路径的借鉴方向

1）古银杏小镇思路创新下的机遇

如今进入互联网时代，抱团协作发展是新经济时代下新的发展方式，也是当今合作发展的主要趋势。找到同好、同道的经济伙伴，在一起互动、交流、协作、感染，共同获利，对产品本身而言发挥着巨大的推动作用，对区域而言有着协同发展的带动作用。传统产业的发展模式在经济形势的转变下已经受到了威胁，如不改变传统发展思路已经很难走上发展路径的正确道路。例如，洛阳镇本身具有特别明显的产业优势——银杏树群落。但是传统单一的旅游结构已经不能满足游客对旅行质量的需求，仅有的景点还不足以吸引游客牺牲宝贵的休闲时光前往洛阳镇。因此，突破传统的发展模式，根据资源供给和市场需求选择"社群"，定位小镇突出产业，配合发展辅助产业才是关键。同时，从消费者的行为偏好入手，构筑一个价值提升的网络关系，是目前洛阳镇发展创新下的机遇。

基于小镇发展的机遇，我们以秦皇岛阿那亚为对标案例进行了研究，期望为洛阳镇的发展找到一些思路。秦皇岛阿那亚文旅社区原是一个无人问津的烂尾楼盘项目，若持续以传统方式进行土地扩张、增设商业设施等方式已经很难带来市场转机。因此，阿那亚项目改变传统的营销模式，运用社群经济对客户精准定位：无论是合作伙伴的定位，产品发展的定位还是发展路径的定位都以客户为中心，以客户需求为前提确定发展方向，并配合"情怀＋温度"理念做服务、做社群。与此同时，正确的社群营销方式可谓锦上添花，阿那亚项目因此实现了可持续盈利，一些业主也成为阿那亚事业的合伙人，楼盘销售供不应求。通过分析阿那亚项目的成功案例可以看到，阿那亚并没有盲目发展，而是认清形势，参照社群经济定位发展；根据消费导向、企业导向进行产品定位；设想发展路径，为近期的发展以及未来的发展预留空间。因而塑造了一个成功的文旅项目案例典范。

2）古银杏小镇发展路径的借鉴方向

（1）产品供给，要明确属于洛阳镇的核心资源是什么类型

洛阳镇拥有丰富的自然资源，在《随州市城乡总体规划（2016—2030）》中洛阳镇全域被划为"自然保护区"，需严格限制开发强度，从

严审批区内的休闲、旅游设施建设及其他开发项目，大力提高区内的绿化覆盖率和森林覆盖率[④]。在随州"十三五"相关文件中，关于加强特色小城镇建设，明确提出洛阳镇要打造旅游名镇；关于建设美丽宜居新农村，提出曾都区建设以洛阳镇千年银杏谷为核心的城郊型美丽乡村[⑤]。

随州"十三五"相关文件确定了洛阳镇的核心资源是千年古银树群落。当然，在建设中不仅要突出洛阳镇的最大特色古银杏树，还应该发展其他资源产业，链接分散景点，完善旅游体系。同时，嵌入洛阳镇历史背景，充实景点故事，注入文化内涵，使旅游体系更加丰富饱满。在开发建设中，要注重巧用土地与精致空间，将洛阳镇的有限资源物尽其用。除此之外，还应开阔眼界，发掘潜在社群，为未来发展做铺垫。

（2）市场需求，要明确属于洛阳镇的社群在哪里

洛阳镇最现实的社群在武汉都市圈，尤其是高铁开通后的拉动效应！高铁开通后，仅武汉就有1千万、湖北省就有6千万客源市场的支撑。

通过对武汉市场现状的分析，可以将其分为亲子市场、老龄化市场和企业市场。武汉目前亲子市场的现状是高频化、多样化但是缺口较大，无法满足内部需求。洛阳镇依托武汉便捷的交通优势，发展亲子市场，能够填补武汉亲子市场的缺口，吸引游客光顾。养老问题不仅是武汉养老市场需要面对的问题，也是中国大环境下需要迫切解决的问题。武汉作为人口大都市，养老需求也在逐年提高，城市的养老环境和居住质量已经不能满足现代都市人的养老需求，更多的人选择回归田园，在清新自然的环境下康养生活，近距离亲近大自然。洛阳镇地处荆楚文化地区，历史悠久，文化底蕴深厚，依托独特的自然人文景观，是高端康体养老的绝佳之地。同时，武汉作为中国内陆地区最繁华的都市，外资企业尤其是世界五百强企业纷纷争相来汉，成为武汉产业升级的主力军之一。众多企业落户武汉，吸引了大批人才，为武汉经济发展奠定了基础。洛阳小镇依托武汉的快速发展，如何吸引流量，发展旅游业，建立联动旅游体系，是小镇需要考虑的问题。

（3）运营模式，要梳理清楚属于洛阳镇的核心资源产品化路径、近远期开发路径在哪里

通过意见总结和案例梳理，在发展规划的道路上要做两手准备：首先结合市场分析近期主要发展目标，定位社群，优先发展最可行的提升项目、最可能的引爆项目、最必要的战略项目。其次需要眼光长远，结合市场的多种可能性提出发展构想，综合社群的典型特征，为未来发展谋划最为可能的蓝图。

5.3.3 小镇技术方法的创新实践

经过不断深入的小镇技术方法创新实践，运用新的创新理念："价值闭环""内外兼修""社群经济"，从供给侧努力深入挖掘区域核心资

源——银杏的深度价值与产业化可能，形成"产业—空间—运营"价值闭环作为洛阳镇特色小镇的总体发展框架；再次通过"内外兼修"进行小镇"二次创新"，凸显洛阳镇特色与灵魂；最后运用"社群经济"思维"三次创新"，精准定位未来小镇人群，从需求侧撬动小镇的建设。

1）价值闭环：对供给侧的深度挖掘，也是特色小镇的 1.0 实践方法

特色小镇 1.0 的特点是靠天吃饭，以自然遗产为核心，挖掘小镇的文化特色、历史特色等，并将其用于商业用途。洛阳镇所保留的历史遗产和自然景观将为产业发展起导向作用。

（1）产业闭环：基于多元诉求，形成"资源—产品—资本"的产业闭环

基于一定的经济关联，将政府、社会、消费者、资本、企业家等多元诉求进行整合，形成"资源—产品—资本"的产业闭环。以洛阳镇最大特色古银杏资源为内核，整合碎片化资源，将产业链各个环节和潜力社群的市场需求精准匹配，并基于三类社群经济体的引爆效用，带动以"银杏 +"为特征的农业、健康、文化产业的发展，最后通过围绕"社群经济"设计商业模式，使运营收益、租金收益、土地价值与资本市场精准对接（图 5-16、图 5-17）。

图 5-16　多元诉求

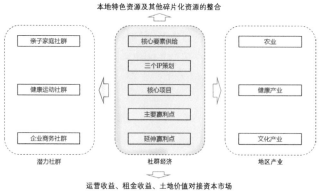

图 5-17　"社群经济"商业模式

（2）空间闭环：从区域、片区、节点入手，构筑一个"全域—片区—节点"的逻辑（图5-18）

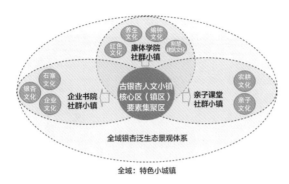

图5-18　社群经济、产业体系与空间形态的逻辑关系

①　全域—现状空间

现状空间要素的主要特征：三个分区（大红山山系与高速公路的分割）、七个沟峪、一个城镇化地区。以全域优质空间为载体，统筹考虑产业项目的性质、规模等空间需求特征，基于对全域泛生态系统、沟域经济及精致空间三个层面的空间梳理，进行合理的产业空间布局，保证产业在空间层面落地性，使优质空间资本在产业层面的进一步放大（图5-19）。

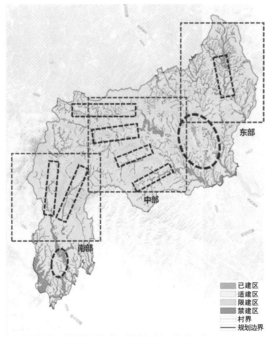

图5-19　空间管制规划图

以古银杏人文小镇为核心区（一核），也是要素集聚区，拓展产业门类，与周边乡镇错位发展，打造社群经济小镇包括银杏亲子课堂社群小镇、银杏康体学院社群小镇、银杏企业书院社群小镇（图5-20）。同时，巧用沟峪的碎片化空间，形成产业有机融合、联动发展的现代产业体系，促进区域经济共同增长。

图 5-20　全域空间结构——镇区（古银杏人文小镇核心区）

以镇域资源深度挖潜的价值链为依托，以全域银杏泛生态景观体系为基底，构建现代产业三大板块链接：农业全产业链孵化板块、印象洛阳文化体验板块、健康综合管理板块（图5-21）。

图 5-21　全域空间结构（镇区）

在农业发展上，全面提升现状特色农林种植业，进一步扩大银杏种植基地、香菇种植基地、食用菌种植基地的建设规模和质量，全面提升农产品品质，做大做强特色种植产业，同时研发新产品，提升农业附加值，推进农产品加工的产业化、特色化、品牌化和绿色化发展。在提升基础上，大力深化优势农产品加工业。进一步推动特色银杏类产品生产、银杏保健品研发、香菇及菌类的种植，向深加工制造产业环节延伸，促进特色农产品市场化、品牌化。同时，为了联动旅游产业发展，建立区域特色农产品展览商贸物流中心，推动绿色农贸产业的发展，打造以生态观光和休闲度假为主的农业体验乡村旅游，加强与故事人民宿等文化旅游产品的结合，以全产业链模式为现代农业提供全方位的服务。

在文化发展上，以银杏文化、石寨文化、荆楚建筑等洛阳镇特色历史文脉及非物质文化为主线，以"故事人"（洛阳镇传统生活文化继承人）为经营管理核心，以"角色扮演"形式为旅游者讲述和引导，打造具有洛阳镇独特文化内涵的"5+N"故事人民宿体系，满足新环境下消费者对旅游产品特色化需求，激活文化资源价值，有效传承洛阳镇特色文化。并且，为了扩大文化宣传，可以通过传统与科技相结合的方式宣扬洛阳镇的文化资源。以洛阳镇现有银杏、石寨、道教、影视、红色、编钟等文化资源为基础，提取产业化要素，打造文化资源产业化应用三大方向：通过互联网、电子商务等途径提供产品消费体验，发展"洛阳秀"产业（文化休闲娱乐产业）；通过文化要素提炼实现产业主题化应用，发展"洛阳匠"产业（文化创意设计产业）；通过文化场域作为载体导入消费功能，发展"洛阳学"产业（文化艺术教育产业）。

在健康板块上，围绕全民健康，面向多元群体，重点发展健康养生、健康休闲、亲子健康三类健康产品：第一类健康产品主要面向年轻人和中老年人两类客群；第二类健康产品主要面向商务客群；第三类健康产品主要面向亲子家庭客群。三类健康产品与其他产业联动发展，实现健康产业规范化、多样化发展，打造洛阳镇健康体验新格局。同时，充分利用洛阳镇自身便利的交通区位条件及良好的生态环境，通过三类健康产品的核心带动作用，催生个性化健康检测评估、咨询服务、预防、康复干预等健康产业环节落地，从而带动健康体检、健康教育、康复疗养一体化健康管理服务业发展。

② 全域空间结构——节点

以银杏亲子课堂为节点，根据多元需求，填充内部空间，在服务、经济、基础设施、绿化、娱乐休闲等方面满足社群需要。

（3）运营闭环：立足潜在的发展情景（IP），分期开发构成运营闭环

理清政府、市场不同主体完成的行动，构建全生命周期的运营体系，满足市场运营的多方诉求，秉承可行的提升项目、最可能的引爆项目、最必要的战略项目，逐层推进，以近期抓手缝合远期发展蓝图，梳理清晰最适合洛阳镇的发展路径（图5-22）。

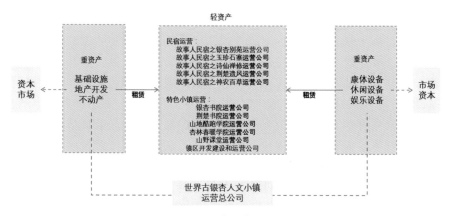

图 5-22　政企分工开发

2）"内外兼修"：文化为内核、生态为外延，深度落实"两山理论"与"文化自信"的创新方法

洛阳镇的"内外兼修"是以人为本的"内文化外生态"圈层理念，进一步提升价值。"内"修文化，即将洛阳镇原本众多碎片化的文化资源植入到生态基础设施所构建的"精致空间"中，通过慢行空间进行有机串联，进而实现大的文化与生态基底相互嵌套、高度融合的全域关系。"外"修生态，即通过覆盖全域的生态基础设施规划，将特色小镇全域范围的植被、水体、农田、山林等资源进行整体梳理，建立特色小镇的生态基底。

3）运用"社群经济"思维，精准定位未来小镇人群，从需求侧撬动小镇的建设

运用"社群"经济思维，将洛阳镇特色小镇精准定位"亲子、康体、企业"三大社群，明确每条产品线的核心要素、IP策划、核心项目、主要盈利点、延伸盈利点等。基于三类社群经济体的引爆效用，带动以"银杏+"为特征的农业、健康、文化产业的发展，让小镇需求与供给深度匹配，构筑"挖掘—转化—孵化—升级—催化"产业逻辑：挖掘小镇核心资源和碎片化资源的放大效应，对本地特色资源及其他碎片化资源的整合；转化与孵化产品线的商业模式设计，推动消费升级；催化带动区域产业发展逻辑的形成。

5.3.4　小结

根据以上总结，在小镇发展道路上，主要以千年银杏树为核心，打造以银杏为主体的农业产业体系、健康产业体系以及文化产业体系。同时，以银杏小镇为核心小镇，与周边分散点形成联动，构成完整的商业旅游体系。

小镇在依托自然人文景点的同时，改变传统的发展模式，形成转型

升级，向现代产业模式转型。在农业生产方面，全面提升农业现代化水平，推动农业规模化经营，延伸农业产业链，促进农业与旅游、科研、物流、会展等深度融合，打造"生产资料供应—农产品生产、养殖—农副产品研发、深加工—保鲜、冷藏、物流—农产品销售和消费"的全产业链现代农业产业体系；在康养方面，以健康养生、健康休闲、亲子健康三类健康产品为重点发展方向，进而带动健康管理服务业发展，并与镇域内文化旅游、保健品加工研发等其他产业环节进行联动，推动地方产业特色化升级发展，打造洛阳镇全新增长极；在文化产业上，利用洛阳镇及随州本地文化资源优势，通过文化旅游、文化产业化等多元利用方式，激活文化资源价值，构建文化"体验—生产—输出"于一体的洛阳镇特色文化产业体系，提升洛阳镇文化持续发展能力。

在规划目标上，我们以基本创新为基本动力，利用小镇核心支柱产业，更新置换低端产业，挖掘小镇发展潜力。努力将小镇规划成有特色并符合现代都市人追求的旅游文化小镇。

5.4 田园小镇：海南海口罗牛山农场概念规划⑥

如果有一天你被生活琐事烦恼，你是否愿意放下伪装找回真实的自己？如果有一天你被压力挫折迷失了方向，你是否愿意回归田园排解你的忧伤？"慢城"的诞生源于意大利发起的"慢餐运动"，是放慢生活节奏的城市形态。在这里，人们有更多的散步空间、有更多的绿地休闲空间、有更便利的商业娱乐空间，还有综合现代和传统生活的交流空间。在这里，人们在乎生活的质量，追求生活的品质，享受生活的乐趣。

罗牛山农场地处海南省东北部，位于海口市美兰区演丰镇与三江镇的交界处，距海口中心城约 30 km，距美兰国际机场 12 km，紧邻海南东寨港国际级保护区。依托三江镇和演丰镇的区位、交通、资源优势，依据两镇镇域具体项目规划及策划内容，周边项目主要以乡村旅游、休闲农业为主题，包括东寨港国家级自然保护区、罗山尾湖运动休闲区、丁荣湖生态旅游度假区、南洋湖养生社区、乡村艺术文化公园等，相关产业的落户和发展将推动罗牛山农场产业快速发展。为罗牛山"慢城"打造奠定坚实的基础。

罗牛山该如何承载国际旅游岛这属于地区的名片？如何突破周边农业和同质的项目圈包围，走出自己的区域发展之路？是罗牛山建设发展将要面对的主要问题。

5.4.1 项目初判：基于三个转型的农业旅游开发项目

从农业、旅游、开发的宏观角度上看，本项目的出发点是基于农业发展模式、旅游体验方式、项目开发方式三个方面转型的农业旅游开发项目。

1）农业发展模式的转型

说到传统农业，我们并不陌生。通常以家庭分散式经营为主，以种植、养殖基地为基础，发展苗木育种、初级农产品加工等相关产业。这种经营方式在很长时间内发挥着重要作用。但是，随着我国经济的快速发展，单一、短小的农业产业链已经出现弊端，阻碍了地区农业的发展。尤其是偏远地区，农户依旧使用传统的手工方式从事农业生产，主要经济来源还是依靠出售农产品为主。再加上诸多外在因素，导致农户收入较低，越来越多的人选择外出打工。为了扩大农业发展，提升农民收入，由传统农业向现代农业的转型迫在眉睫。现代农业的发展模式，除了包含精准农业、设施设备农业、生态循环农业、观光农业、花卉、粮食农业等各方面现代化农业之外，逐渐向农业二产、三产延伸。例如发展农业＋现代服务业（农业研发、农业物流、智慧农业、健康休闲、总部经济等）以及农业＋特色制造业（农机制造、新能源、新材料、植物医药等）等，同时融合"互联网＋"的思维创新发展，延长、丰富了产业链，增加了附加值（图5-23）。

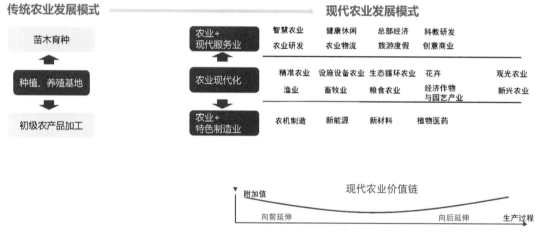

图5-23　农业发展模式的转变

2）旅游体验方式的转型

随着生活质量的提升，人们对生活品质的要求也越来越高，以传统观光为主的单一旅行方式已经远远不能满足游客的旅游需求，为了吸引更多人流量前往景点，景区根据游客需求，增加景点周边产业发展。因此，旅游方式由观光产品为主的观光休闲游，转向集观光、休闲、娱乐、疗养、商务多种功能为一体，以休闲度假为主的旅游，再进一步转向以地区文化为载体的个性化、多样化深度游。随着游客的需求向更高层次升级，旅游方式逐步由传统观光度假型转变为注重参与和体验的健康体验休闲型，具体主要表现在以下几个方面：由资源观赏向文化体验转变，由单一产品功能向复合型功能转变，由依托景区、景点开发向依托中心城市、风情小镇转变，由点线旅游向板块旅游转变等（图 5-24 ）。

图 5-24　旅游体验方式的转变

3）项目开发方式的转型

通常我们认为的传统开发模式是开发商投资销售一体化，而如今提倡的项目开发方式由单一型的"开发 + 出让"向"综合型开发 + 轻资产运营"模式转变，开发商转变为统筹者和组织者（图 5-25 ）。项目开发方式的转型，体现着资本运作能力的强化、开发内容的综合化和精细化。同时，在社会影响上，开发商的角色由公共资源的投资者转变为社会治理的参与者，在关注本地区的土地开发和价值提升的同时关注地区土地价值实现增值。在开发建设上考虑企业社会责任的价值认同，积极配合参与城市运营，承担起一定的社会责任。

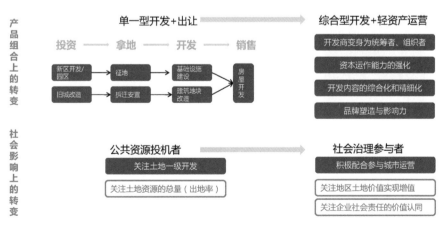

图 5-25　项目开发方式的转变

5.4.2 项目破题：罗牛山的发展新路

"国际慢城"是一种新的城市发展模式、一种更好的城市治理之道、一种全新的城市生活模式。"慢城"是放慢生活节奏的城市形态，人们保持地方传统特色的同时追求生命的自由欢乐。在这里，我们可以忽略时间的追赶，享受生活的乐趣，注重生活的质量，共享开放的空间。通过对国际慢城经典案例的研究，我们得出慢城发展的四个经验：在生态保护方面，维护自然生态景观，发展生态旅游，改善生态环境，发展新能源技术；在产业发展方面，提升传统产业科技含量，并依托旅游发展农业产业，支持传统手工业发展[1]；在文化传承方面，保护当地风俗习惯与文化遗产，培育本地社区文化；在慢生活营造方面，建立符合慢生活的基础设施体系如慢餐、慢交通等，为慢生活发展奠定"慢"氛围。

通过分析罗牛山现状，我们发现罗牛山具备发展国际慢城的基本条件和良好潜力。为了紧跟国内城市发展国际慢城的趋势，填补国内热带慢城的空白，罗牛山农场可打造成中国第一个以热带农业为特色的国际慢城。同时为了顺应现代旅游产品注重文化底蕴和深度体验的趋势，将罗牛山丰富的农耕文化、当地的琼乡文化以及特有的知青文化融入体验旅游中，丰富当地旅游的内涵。更重要的是，依托基地内良好的田园基地和农业种植基础，充分响应海南省12个重点产业政策方向，发挥海南省和罗牛山农场的自然生态优势，做大做强热带特色高效农业，发展成海南省田园特色农业的典范。并且，在传统基础上积极创新，抓住海口建设国家智慧城市试点的良好机遇，将"互联网 +"的创新思维运用到慢城的运营中，打造高品质的智慧平台，服务慢城的旅游度假和日常生活。

5.4.3 定位与策略

海南农业产业发展基础扎实、热带农业特色优势明显，根据三个转型的项目预测和国际慢城的发展机遇，将"中国热带农场、智慧国际慢城"确定为罗牛山农场项目发展的总体定位。

在生态保护方面，罗牛山自然景观丰富，基本农田覆盖率约80%，同时拥有丰富的水资源。在文化传承方面，当地有着农耕文化、琼乡文化、红色文化等丰富的文化积淀。在产业发展方面，罗牛山有着各类景观花木、水稻、橡胶、番薯、瓜菜等丰富的植被资源和良好的农业种植基底，罗牛山集团的"菜篮子工程"为农场提供着绿色农产品资源。如果罗牛山资源基础与慢城特色相融合，将使现有的发展方式产生质的变化：将水田相融作为情感烘托，唤醒现代人回归田园、回归生活的精神理念；将文化产业作为当地文化资源基础，升级为慢文化，将慢餐文化、农耕文化、琼乡文化、红色文化等以慢城作为统筹，形成独具特色的慢城文化；基于罗牛山的特色产业，发挥罗牛山当地特色农产品加工生产优势，与慢城品牌形成复合叠加，将智慧科技融入农业技术，发展现代热带高效农业。通过当地的田野风光、清新空气、乡野小径等人性化尺度的景观资源相互融合，塑造闲适而丰富的慢生活氛围。悠闲乡野和人性尺度，构成罗牛山的"农业之旅"，在罗牛山感知与享受慢生活，融入慢城优美的自然环境，提供全方位的慢城体验。

进入城市化发展的今天，人人向往大城市灯红酒绿的思想已经改变，反而罗牛山水田相融的优秀本底承载着现代人回归家园与淳朴安逸生活的精神寄托。因此，为了罗牛山"慢城"更好的发展，基于罗牛山农场的总体定位，制定了产业、空间、运营、实施四方面的具体策略。

1）产业策略：慢城特色产业

依靠罗牛山农场的农业基础，发挥当地丰富的文化内涵，营造慢节奏的生活氛围，慢城将形成围绕农业为中心的"农业+"特色产业体系，包括慢田园、慢文化、慢生活三个板块，各板块分别围绕几个鲜明的核心主题发展各自的相关项目。

（1）"慢田园"

"慢田园"版块主要注重农业慢城的特色构建，突出健康的生态田园基底，以现代农业为重点的产业格局，打造高品质的慢城田园。慢田园的核心是"慢"田园热带特色高效农业，围绕核心内容主要分为三个主题，分别是生态有机农业、标准化种植和中试研发。

有机农业依托罗牛山本身的农业优势，在原有特色产业基础上打造旅游项目，促使第一产业和第三产业有机融合，最终打造成为集农业生产研发、观光旅游体验为一体的特色农业旅游项目，以提升罗牛山的品牌形象，助力区域经济发展。标准化农业是在生态有机农业发展的基础上，以基地三大特色产品为切入点，并通过分析市场需求，调整罗牛山地方产品种植结构，通过生产创新的方式，提高"慢城"农业生产的标准水平。中试研发是慢城农业现代化发展的基础，通过农业产品的创新、中试研发及成果转化等为高效田园生产提供农业人才及技术服务。

（2）"慢文化"

依托罗牛山农业资源优势，发掘地方农耕历史文化、当地民俗文化与慢城特色的融合，打造罗牛山最具魅力的、原汁原味的"慢城文化"，主要分为三个核心主题，它们是农耕文化、"慢餐"文化以及知青文化。

俗话说"汗滴禾下土""粒粒皆辛苦"，农耕文化向我们展示了劳动人民精耕细作、勤劳智慧的传统文化。但是，久居都市的现代人已经找不到那种在田地间劳作，体验"粒粒皆辛苦"的机会。因此，面向学生、教育团体、周末家庭游等人群，通过生态、活动的体验，提升游客参与度，让慢城的农耕真正上升为对文化的尊重与传承。"慢餐"文化将国际慢餐理念与罗牛山地方美食相结合，倡导一种新的生活方式，提高原住民生活质量，增加游客对慢生活的体验，构建健康慢生活氛围。罗牛山农场曾经是知青农场，是中国特殊时期的历史文化产物的记忆和传承，影响着一代人，同时也吸引着一代人。以罗牛山历史为主线，深入挖掘本地知青文化、琼乡文化等特色，在慢城中回顾与重温一代人特殊时期的历史记忆。

（3）"慢生活"

慢生活版块的核心内容是家庭农场，项目按照面积大小主要分为小果菜园、农艺乐园和生态农园三类核心主题。① 小果菜园主要是由租赁式家庭农场组成，以租代售，围绕农业的不同主题分区，提供不同时间段的农耕教育体验休闲产品。它适用于家庭、小型旅游团及小型教育组织，目的是让都市人在劳动中获得快乐，在劳动中呼吸自然的泥土气息，融入绿色大自然。② 农艺乐园以农业、园艺产品的创新、创意设计体验为特色，打造农艺创意集聚区，为本地及外地艺术家提供回归大自然，重新寻找灵感的创意乐园。③ 生态农园则为各个年龄、各个职业的群体打造放慢脚步、融入自然、贴近绿色和健康、感受远离都市尘嚣的"最田园"生活。

"慢田园""慢文化""慢生活"都突出强调了"慢"的生活态度，逃离城市的喧嚣，来到无车马喧嚣的罗牛山体验"采菊东篱下，悠然见南山"的悠然自得。其目的是让来到罗牛山慢城的人都能够放慢脚步，回归本源。

2）空间策略："体验+"慢城空间布局

慢城的特点是保留原有的地方特色，以自身产业发展为核心，挖掘出更有发展潜力的地方经济。慢城空间结构充分尊重已有地形，利用已有的农业基底，施法自然，开发形成自然而灵活的岛式体验空间，形成"一轴、一环、三心、七岛"的空间结构体系（图5-26）。"一轴"指慢城核心服务轴。将慢田园观赏岛、慢文化小镇岛、慢文化体验岛和慢生活康养岛的主要道路联系和核心服务功能串联，整体空间形成联动。"一环"指慢城观光休闲环。将上述各特色岛的主要生态基底和休闲娱乐功能（如小果菜园、艺术家工作室、农耕文化主题种植区、慢城公园等）连接起来，形成一个有机联系的闭环（图5-27）。"三心"是指慢城综合服务心。作为未来小镇发展提供帮助解答的服务中心，帮助游客在旅行中玩得开心，玩得舒心！"七岛"是慢城特色岛，岛与岛之间相互联系，与慢田园、慢文化、慢生活主题贴切的同时，又拥有自身特色。

3）运营策略："互联网+"慢城智慧平台

"互联网+"的创新思维，运用新型高效栽培技术，通过互联网、云计算和物联网等数据平台，对罗牛山慢城产业及空间构建智慧高效网络平台。同时，为了在生产销售的整个过程中实现传统农业和现代高效智慧慢城的升级，需要构建四个支撑平台：智慧农业技术平台、智慧信息互动平台、智慧旅游体验平台、智慧交易服务平台（图5-28）。

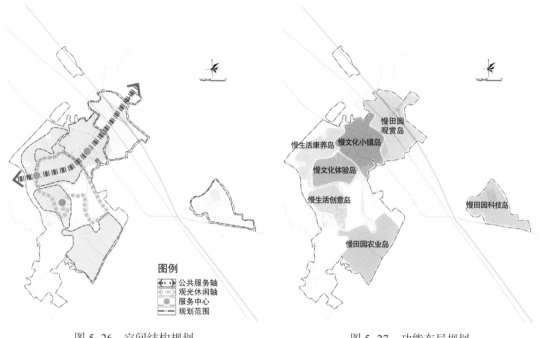

图例

◆▶ 公共服务轴
◀▶ 观光休闲轴
⬛ 服务中心
━━ 规划范围

图 5-26　空间结构规划　　　　　　　　　　图 5-27　功能布局规划

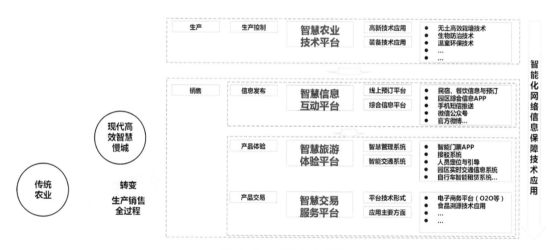

图 5-28　网络技术应用

（1）智慧农业技术平台

　　热带高新技术是引进以色列的先进技术，针对农业发展现状，摒弃传统农业技术错误方法，学习先进国家生产经验，更新农业技术水平。从而达到提高农业生产种植，带动区域经济发展的作用。热带高新技术包括环境温度、湿度、CO_2浓度、土壤营养成分监控技术、病虫害防治技术、合理肥效控制、能量综合利用技术、无土高效栽培技术、无公害高效栽培技术、产品后处理及深加工技术等。

（2）智慧信息互动平台

依托罗牛山自身战略合作资源优势，共同研发出一套适于罗牛山区域自身的互联网智慧信息发布平台，例如微信公众号、官方微博等。同时，平台要保证信息的及时更新，不仅能让用户初步了解产品的关键内容及项目的趣味性，同时要抓住消费者的心理诉求，在平台中介绍罗牛山自身资源优势与旅游价值，吸引游客前往。

（3）智慧旅游体验平台

罗牛山拥有强有力的合作资源优势，其中包括国家智慧城市研究中心、海南联通等战略合作资源。初步研发出一套适于罗牛山区域自身的互联网智慧旅游体验平台；借助云计算和物联网技术，实现旅游的集约化、智能化、统一化的管理[2]，提高对旅游资源管理的决策能力和对旅游资源的有效利用率。

（4）智慧交易服务平台

智慧交易服务平台应用有如下主要方面：在食品溯源技术方面的应用；利用 RFID 无线射频技术；针对农产品从生长到销售各环节的农产品质量安全数据进行及时采集上传；为消费者提供及时的农产品质量安全追溯查询服务[3]。

智慧农业、信息、旅游、交易这四大平台的推广运用，将改善小镇发展现状，无论在农业、旅游业还是产业方面将增加产值，推动区域发展。同时，在宣传上，相比信息闭塞的年代，运用新的科技技术，将极大可能地扩大游客区域范围，吸引更多游客前往，提升潜在游客量，为旅游行业带来新的机遇。

4）实施策略："协作 +"慢城开发机制

在项目实施中，制定近远期目标。近期 2015—2020 年规划方案上，重点打造国际田园"慢城"旅游小镇核心，聚焦人气，通过莲雾生态基地的营造，打造罗牛山入口主题形象，同时以文化体验岛项目植入提升项目本身文化内涵。在远期规划上，重点打造慢城文化生活体验岛，通过植入慢田园特色农业项目，保留原生态的田园风光和原住民的生产方式，使第一产业和第三产业有机融合。在土地规划上，形成多规融合，土地与区域协同发展。当然，项目的形成与开发离不开政策的支持，国家与政府的强有力支撑将带领罗牛山走上正确发展路径。

5.4.4　小结

由上可知，将罗牛山打造成国际"慢城"需要做的工作有很多。基于小镇本身的资源优势，从农业、旅游、开发的角度寻找突破进行转型升级。将小镇从传统模式带入走向现代模式的正确发展路径，是我们需要考虑的首要问题。如何利用好海南省周边优势带给罗牛山的潜在商机，是罗牛山自身需要抓住的主要方向。提升罗牛山自身条件是慢城发展的基础，与周边城镇错位发展是罗牛山需要规避的方向。将慢田园、慢生活、慢文化切实融入罗牛山农场的自身特色中，同时联动周边区域发展，推动区域经济共同进步。

慢城是供人消遣、逃避俗世的绝佳地点，也是远离灯红酒绿的适宜场所。在这个随波逐流，大面积城市化的时代，都市人的生活变得枯燥乏味，大城市的生活变得千篇一律。在这一大环境下，保留自身城市特色的同时贴近自然，使得回归田园的生活得到人们的憧憬。回到自然不代表回到过去，相反，在这里，生活质量得到了提高，生活条件得到了改善。在这里，更多的是对未来美好生活的向往！"慢城"特色将是未来城市发展的热点话题，罗牛山的发展将带动更多城镇走向"慢城"发展的道路。

5.5 文旅小镇：云南普洱碧溪特色小镇规划实践⑦

马蹄声声，铜铃阵阵，满载货物与希望的马队，日夜兼程的赶马人在漫长的古道上缓缓前行，这一走就是几千年，由此形成了我国历史上最古老的经贸商路——茶马古道。一直很期待去探访这条充满神秘感与文化遗迹的古道，幸运的是，这次我们的项目地碧溪古镇便位于茶马古道上。碧溪古镇是茶马古道的重要驿站，它始建于明代，镇内建筑以传统风貌为主，极具当地特色。

近年来在云南旅游第三次创业和特色小镇"风口"全面打开的背景下，为了助力碧溪成为全市重点特色小镇，我们对碧溪古镇进行了规划设计。本次研究范围包括碧溪古镇及周边的那雷、瓦窑、竜灰、捕干、乌猛、曼海6个自然村，总面积约为3.75 km²，规划区域面积约0.3 km²。

碧溪古镇位于云南旅游核心集散地昆明和知名旅游目的地西双版纳的中间点及滇西南国际旅游区的核心位置。行政区划上隶属云南省南部、普洱市东部的墨江哈尼族自治县，地处县城北面9 km。东邻元江县，南邻勇溪村，西邻者铁村，北邻克曼村（图5-29）。小镇交通条件良好，随着玉磨铁路、墨临高速等重大交通项目的建成，碧溪将成为昆曼国际

图5-29　碧溪特色小镇区位图

大通道上的重要节点，并处于昆明两小时经济圈内，将承载昆曼国际旅游大通道上的庞大游客量。

5.5.1 现状背景下的机遇与挑战

云南省独特的地理环境和民族文化风情一直吸引着国内外游客的前往，是中国名副其实的旅游大省。为了应对旅游市场激烈的竞争，实现从旅游大省到旅游经济强省的跨越，云南省委、省政府曾明确提出"十一五"期间要全面推进云南旅游"二次创业"，这对于云南旅游经济发展具有重要的指导意义。而在新的形势下，国家对特色小镇政策陆续出台，云南省积极响应。出台政策支持特色小镇的发展预示着云南旅游"三次创业"的来临。云南旅游经过三十多年的发展，对其文化资源的开发已经达到一定的广度和深度，因此"三次创业"实际上是对其文化资源的再一次深度挖掘。在云南旅游"三次创业"的背景和特色小镇"风口"全面打开的背景下，碧溪发展面临的机遇与挑战并存。

1）发展机遇

（1）云南开始在全省范围内力推特色小镇政策

《云南省人民政府关于加快特色小镇发展的意见》提出，到2019年建成20个左右全国一流特色小镇和80个左右全省一流特色小镇，云南开始在全省范围内力推特色小镇政策，并提出特色小镇在产业定位上要"错位竞争、差异发展"，同时对特色小镇建设提供用地、资金和税收上的大力支持，特色小镇发展不再是孤军深入，而是形成区域差异化发展和联动互补的稳定生态圈，为碧溪特色小镇建设提供了政策机遇[8]。

（2）特色小镇发展模式的转型为碧溪的发展提供了新的思路

《住房和城乡建设部 国家发展改革委 财政部关于开展特色小镇培育工作的通知》要求特色小镇的培育第一点是要有特色鲜明的产业形态[9]，因此对于特色小镇而言，产业是其发展的基础，产业发展要有特色，要能支撑地区发展；特色小镇不是单一内涵的专业镇，而是"产城人文"的综合体，它能够引领带动产业转型升级，并能培育具有核心竞争力的特色产业和品牌，最终实现产业立镇、产业富镇、产业强镇[4]。特色小镇发展思路的转型为碧溪的产业整合和空间统筹提供了新方式。

（3）特色小镇获得政策支持、企业热捧与资本青睐

特色小镇处在政策资金的风口，国家、云南省、普洱市层面均已出台相关政策，主要在土地供应、贷款贴息、奖励资金、专项资金及建全政府和社会资本合作机制方面为特色小镇建设提供政策支持。

2）面临挑战

（1）如何在已成功开发的旅游资源基础上深度挖掘新意

茶马古道沿线旅游资源丰富，古镇居多（束河、沙溪、和顺、磨黑、丽江等），文化底蕴深厚且具有一定品牌效应，在这样的背景下，相对资

源单一的"小镇"能否有文化的新意,如何深度挖掘自身的旅游资源,开发新颖的旅游产品,以形成独特的文化吸引力,是碧溪发展特色小镇必须要解决的问题和接受的挑战。

（2）古镇及周边区域发展的相对割裂亟待通过特色小镇建设进行统筹协调

碧溪古镇现状主要以观光和零星美食体验为发展基础,古镇周边的那雷韭菜村、曼海烤烟竹编村、捕干重楼药材村等村落资源优势明显,但古镇与周边村落之间发展相对割裂,在交通联系或经济产业联系方面均未形成协同发展格局。如何以碧溪古镇建设为契机,带动周边村落形成区域联动,互相借力发展是另一大难点。

（3）在众多利好的条件下,如何抓住重点,快速启动

特色小镇承载着政策支持、企业热捧、资本青睐,小镇运营更应该从产业、空间、行动统一协调,近期应该先做什么才能带动中长期发展？政府的政策性投资投在哪里才能吸引更多民间资本？怎样的产业体系、空间体系、运营模式能够吸引企业的参与？这些均成为需要统筹考虑的问题。

通过以上对碧溪古镇所面临的发展机遇和挑战的分析,我们找到了碧溪建设特色小镇的三个关键问题：第一要抓准"特色"要素,我们认为这里的"特色"要素要来自本底、来自区域、来自时代；第二要重构"特色"定位,通过对资源现状的梳理,找准发展定位,同时"特色"定位更要不断创新和深化,以适应不断发展的市场变化；第三要打造"特色"规划,包括特色产业规划、特色空间规划和特色运营规划三方面的规划。

5.5.2 小镇特色要素分析与定位

小镇特色要素的分析是小镇定位的基础,也是规划设计的基础,只有了解挖掘当地最特色的资源要素才能找到一条差异化的发展道路。项目组曾多次调研挖掘当地最具特色的资源要素,重点从三个方面去分析当地的特色资源要素,分别是最碧溪的要素（碧溪古镇最特色的要素）、在碧溪的要素（碧溪古镇周边有哪些特色要素）以及望碧溪的要素（全域最特色要素）。

1）"最碧溪"的要素

茶马文化——最具云南特色的重要名片之一。碧溪古镇位于"世界茶源"普洱市,是茶马古道滇藏道上的"活化石",集国际商道化石、民族迁徙走廊、佛教东传之路于一体,是北走楚雄、大理、丽江,东走玉溪、昆明,南到普洱、西双版纳的商贾马帮必经的重要驿站。直到1949年新中国成立前,这里依然每天有上千匹规模的马帮云集在此,十大马店迎来送往,有"昆明大世界,碧朔小云南"之称。

茶马大院——新时期的茶马文化代表，也是碧溪最特色的要素。碧溪古镇现存茶马世家大院20处，其中4处是省级文物保护单位，3处是市级文物保护单位，13处是县级文物保护单位。碧溪茶马大院具有不可复制的大院风水格局，形成了负阴抱阳的风水吉势；具有不可复制的茶马大院生活传承，无论是教育、文化、交流还是生活都形成了自己的传统，这是长期形成的独具当地特色的资源；具有不可复制的茶马商贸创新传统，茶马商贸所体现出来的当地人勇敢、开拓、创新和诚信的精神品质，也是独具当地特色的。

因此，从时间的角度来说，第一代茶马文化是"驿站""古道""马帮菜"等文化内涵，而碧溪的2.0茶马文化，即驿站与大院的融合，"旅"与"居"的融合。

2）"在碧溪"的要素

古镇周边有那雷韭菜村、曼海烤烟竹编村、捕干重楼药材村，以及瓦窑、乌猛、竜灰等特色村落，资源特色明显（图5-30）。周边村落别具一格的自然山水风光、古老质朴的农耕匠艺传承以及舒适惬意的田园起居生活都属于"在碧溪"的要素，碧溪周边的山水村落，实际上也是茶马大院文化的一种延伸。

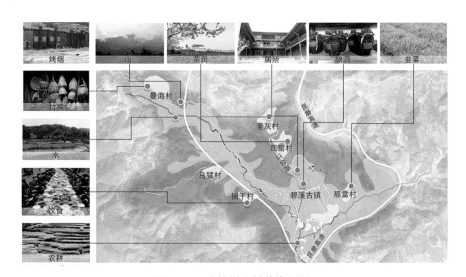

图5-30　小镇周边村落资源图

3）"望碧溪"的要素

从区域的角度回望碧溪，茶马大院是茶马文化旅游新内涵，它是茶马文化精神的传承，世家故事的起点，它不仅存在于一座院落，还存在于一座城，更存在于一个区域，对整个区域的精神文化、传统习惯等均有着深刻的影响。

通过以上对碧溪特色文化要素的分析，我们用茶马大院的旅居内涵，来定位碧溪未来的发展方向。总体定位：碧溪茶马世家休闲度假小镇。

定位内涵：茶马古道旁的古院、古道、古镇到现代田园风光、自然教育、文化创意、旅居生活家园，碧溪茶马世家休闲度假小镇以旅居生活为核心IP，传承茶马驿站文化、世家大院文化。"旅"即代表茶马古道旁的驿站文化，是对古镇历史价值的延展和重塑。"居"即代表世家大院文化，对古镇世家文化品牌价值进行提升。碧溪茶马世家休闲度假小镇的定位代表着驿站与大院的融合，即"旅"与"居"的融合。

5.5.3 碧溪特色小镇规划逻辑体系构建

针对特色小镇潜在的多元诉求，我们改变了传统的单一目标的线性规划思路，创新了有限目标的价值闭环的规划思路，构建了"产业—空间—行动—价值"的特色小镇规划逻辑体系，成为可复制、可推广的特色小镇规划范式。

1）产业发展规划：四大文旅产品体系

明确了碧溪古镇的总体定位以后，我们围绕旅居生活核心IP，深入挖掘茶马驿站文化与世家大院文化内涵，打造出田园观光、自然教育、文化创意、旅居生活四大产品体系及基础支撑产业（图5-31）。

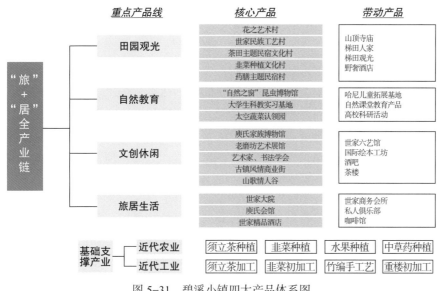

图5-31 碧溪小镇四大产品体系图

（1）田园观光产品体系——茶马大院的观光产业转型，发展全域体验旅游

瓦窑、竜灰的茶田，那雷的韭菜，捕干重楼等都是非常好的田园观光资源，以这些资源为依托，深度开发田园观光、田园体验、寺庙禅修

等产品体系，吸引家庭、年轻人群体等广泛的观光客群。构建"政府前期投入＋企业具体运营＋村民参与收益"的盈利思路。

（2）自然教育产品体系——深度体验茶马世家的山野课堂

依托碧溪木本植物资源、野生动物资源以及动植物药材资源，开发昆虫博物馆、科教实习基地、绘本教育等产品体系，吸引高校学生、少年群体、亲子家庭等客群，对接高校、中小学、亲子活动机构等相关资源，提供实习、教育、体验、观光场所，产生相应消费。

（3）文化创意产品体系——深度体验茶马世家的匠人精神

依托碧溪的茶马文化、名人世家、古镇建筑等现有资源，开发庾氏家族博物馆、老磨坊展馆、古镇风情商业街等产品体系。吸引传统文化类、文创活动等社群，通过同业活动、会员共享活动等形成社群，通过社群经济盈利。

（4）旅居生活产品体系——深度体验茶马世家的生活起居

依托碧溪的茶马世家大院和优美的生态环境，开发世家大院、世家精品酒店等产品体系，主要吸引中产阶级家庭等客群，通过政企合作开发的分时度假模式进行盈利，具体模式在共享经济大趋势下有度假酒店或度假公寓，出售或租赁等灵活选择。

（5）基础支撑产业

主要包括近代农业和近代工业。近代农业主要有须立茶种植、韭菜种植、水果种植、中草药种植等，近代工业主要有须立茶加工、韭菜初加工、竹编手工艺、重楼初加工等。

2）空间发展规划：三层空间规划体系

为了放大特色小镇的空间效应，我们从区域、片区、节点入手，构筑了一个"全域—片区—节点"的空间规划体系，提出了"最碧溪的小镇核心空间—在碧溪的小镇重点空间—望碧溪的周边联动空间"的三层次空间规划体系。通过小镇最精华的核心区到小镇全域，再到外围地区的联动发展，将特色小镇的开发效应层层放大，不仅做好小镇本体，更能带动周边地区一体化联动发展。

（1）核心空间——最碧溪的小镇核心空间

对于古镇核心区我们致力于将其打造成最特色的"开放式博物馆"。在规划设计过程中重点聚焦两个问题：一是古镇核心区如何保护；二是古镇核心区如何利用。我们认为对于古镇核心区而言，保留文化载体，将小镇核心打造成整体古镇博物馆，将小镇保护好就是最大的盈利点。保留下来以后，怎么做，如何利用，才是盈利的关键之处。

规划遵循传统地方文脉理论，对古镇肌理、世家大院及传统市集进行了保留和延续。对古镇肌理进行保留，保持与传统建筑的协调，延续传统建筑中门楼为中心的十字街巷空间；对古镇范围内共20处县级以上文物保护单位进行保护，在规划中延续了世家大院跑马转角楼、四合院、三进院、三坊一照壁、一颗印的五类建筑组合方式；对古镇十字街巷的传统市集进行保留，对临街商铺进行统一管理，形成古镇特色街区，将古商业街进行延续（图5-32）。

古镇肌理：保持与传统建筑的协调。延续传统建筑、门楼为中心的十字街巷空间

跑马转角楼建筑组合方式　四合院建筑组合方式

三进院建筑组合方式　三坊一照壁建筑组合方式　一颗印建筑组合方式

世家大院：古镇范围内共20处县级以上文物保护单位，分为五种类型

传统市集：在十字街巷临街商铺进行统一管理，形成古镇特色街区

图5-32　地方建筑语言文脉图

未来通过古镇内部建筑肌理按照完全保留型、保留修复型、保留外观改造型三种类型进行重新梳理和整合，在原有20处世家大院基础上，重新打造66处世家大院（图5-33）。

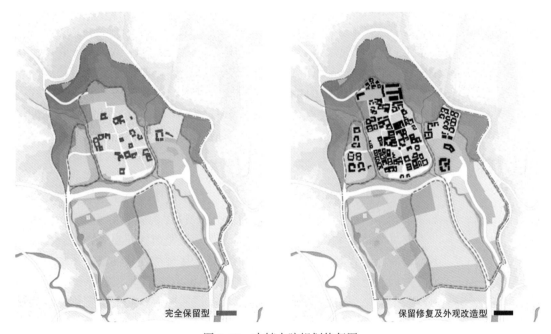

完全保留型　　　　　　　　　　　　　　保留修复及外观改造型

图5-33　古镇大院规划修复图

对古镇进行保护，是最大的盈利点，而对其实施保护的开发利用，

图 5-34 古镇功能分区图

则是盈利的关键之处。因此在对保留下来的古镇建筑进行分类和修缮以后，我们在古镇内点状植入了新的业态，开发包括休闲娱乐、手工艺坊（老磨坊艺术展馆）、民族服饰、特色客栈、民族展览（庾氏家族博物馆）、古镇民宿等产品，实现开发性的保护，对古镇资源实行活化利用。

（2）重点空间——在碧溪的小镇重点空间

对于重点空间，通过导入文创产业，我们致力于构建一个新茶马世家体验空间，即整体构建"一心四组团"的总体结构。一心即古镇核心，四组团即山野课堂组团、文创休闲组团、旅居生活组团和田园观光组团（图 5-34）。

（3）全域空间——望碧溪的周边联动空间

全域空间将碧溪古镇周边的六个山水自然村落纳入到小镇的规划当中，通过碧溪古镇的开发，带动其周边村落的发展，将小镇的开发效应层层扩大。从总体结构上来说，我们构建了体验茶马世家生活画卷的1+3+6体系，即1核、3线、6村。1核：碧溪古镇。3线：东线——世家田园美食之旅，中线——世家贡茶体验之旅，西线——世家匠人制造之旅。6村：瓦窑、竜灰——茶田主题民宿文化村，那雷——韭菜文化种植村，捕干——药膳主题民宿村，乌猛——花之艺术村落，曼海——民族工艺村。由此将全域打造成一个大景区，由东中西三条主题游线串联，将古镇打造成世家文化重点发展片区，将古镇核心区打造成大的世家博物馆（图 5-35）。

图 5-35 全域空间布局图

3）小镇运营规划

（1）落地三步走行动体系

特色小镇要求三年见成效。规划为实现这一目标，项目的年度实施计划，更是进一步考虑到"引人"这一核心诉求，将三年行动计划的核心目标设计为"引人—留人—增人"的三步走，设计了具有强实操性，涵盖投资规模、潜在合作对象等内容的行动体系。三步走行动体系中，启动期即 2017 年，对古镇内部更新改造，打造周边花海，共同吸引客流；发展期即 2018 年，对周边村庄景观整治打造及民宿项目建设，推动配套服务升级，使游客能够住下来；成熟期即2019年，对亲子、旅居项目全面开发，打造全域旅游，吸引游客多次消费。

（2）构建多元主体共同参与的盈利模式

探索出"政府引导、平台运营、业主参与、社区入股"的整体开发运营模式。结合规划分期，设计出三大盈利点：核心盈利点，即古镇的保护性开发驱动全域资产增值；最大盈利点，即分时度假型世家大院住宿产品；其他盈利点，即商业业态、体验型产品等其他盈利（图5-36）。多元主体在小镇的开发运营中，理论上都可以持续盈利。

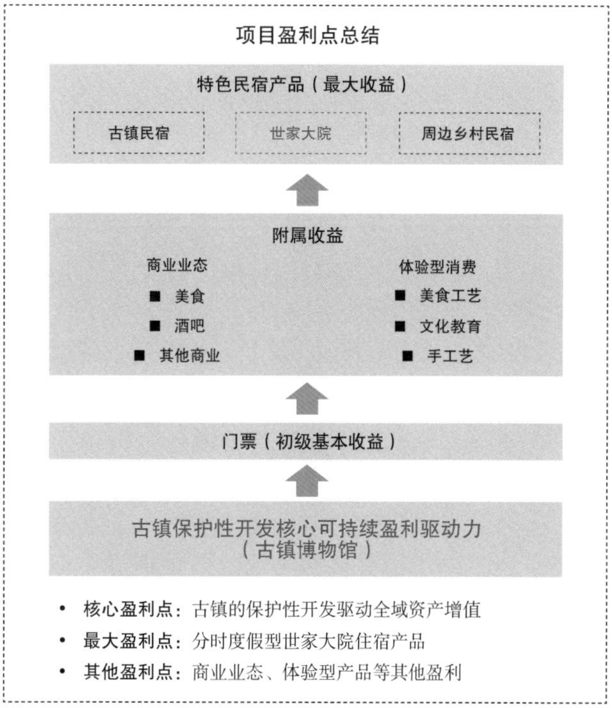

（3）四季活动策划

开发策划四季活动，主要包括"活力春季茶马美食狂欢""炎热夏季静心传承国学""瑟瑟秋季体验哈尼文化"和"寒冷冬季点燃企业年会"，通过四季活动的策划为小镇发展带来持久的活力。

图 5-36　项目盈利点总结图

5.5.4　小结

碧溪特色小镇规划是在云南旅游第三次创业和特色小镇"风口"全面打开的背景下进行的，为了打开碧溪发展特色小镇的钥匙，我们首先对其所面临的机遇与挑战进行了分析，进而找到其发展的三个关键问题。在问题导向下开展我们的工作。

云南旅游经过几十年的发展，已经形成了几大知名品牌，其开发也已经形成了一定的深度和广度，如何在成功开发的旅游资源基础上深度挖掘出新意是本次规划必须要解决的问题。围绕这一问题，我们对碧溪古镇进行了多次调研与研究，从而明确了其最具代表性的文化资源"茶马大院"，用茶马大院的旅居内涵，定位碧溪未来的发展方向。在总体定位之下，构建了"产业—空间—行动—价值"的特色小镇规划逻辑体系，设计出四大文旅产品体系、三层空间规划体系，以及三步走的行动方案。

本次规划正确地处理了古镇保护与开发的问题，解决了小镇产业结构单一、古镇与周边村落联系整体不足，以及发展相对割裂和分散等问题，对未来小镇以及周边村落的协同发展有重要的意义。

5.6　文旅小镇：云南普洱癸能特色小镇规划实践⑩

5.6.1　项目背景

北回归线，一条带有神奇密码的黄金地带。这里孕育了神秘的印度宗教文明、远古玛雅文明、谜团重重的古埃及金字塔，还拥有地球上最高的珠穆朗玛峰、最深的马里亚纳海沟以及最大的撒哈拉大沙漠等奇观、绝景。因此，从某种意义上说，北回归线自带一种神秘的基因，吸引人们不断去探求这个未知的世界。带着这样的好奇心，我们来到了位于北回归线上的云南癸能。

癸能位于云南省普洱市墨江县联珠镇，是北回归线上的哈尼族豪尼支系聚集村，拥有源远流长的哈尼族历史、古朴纯真的哈尼族风情、厚重宽广的哈尼族文化。区位条件上，癸能位于昆曼国际旅游大通道上，地处昆明与西双版纳地理中点，玉磨高铁开通后，癸能成为高铁到达墨江的第一站（图5-37）。

在特色小镇风口全面打开的背景下，为助力云南癸能特色小镇的创建，依托癸能的现状资源和市场需求，我们对癸能进行了规划设计。癸能小镇涵盖了规划片区（癸能大寨）、高铁片区、金矿片区、三个自然村及周边的山地、梯田，其中它的核心区域为癸能大寨，包括周边竜林和淘金园。

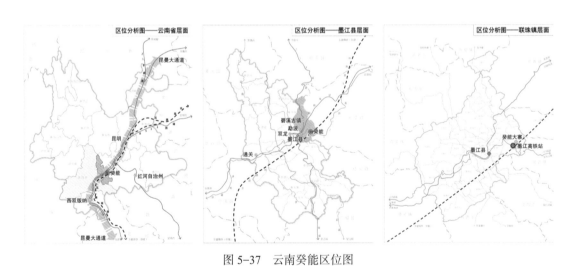

图5-37　云南癸能区位图

5.6.2　析题：癸能十大神奇密码初探

癸能是一个什么样的地方？一个普通的少数民族村寨，还是遗传了北回归线神秘基因的地方？我们带着疑问与好奇，对癸能进行了深入的调研。癸能位于昆曼国际旅游大通道上，沿线有丰富的旅游资源，云南省内具有高知名度的地区众多。癸能该如何脱颖而出是我们刚开始最担忧的问题。然而随着调研的深入进行，我们的疑虑被逐渐打消，我们发现癸能是一个处处存在"神奇密码"的村寨，而这些"神奇密码"也正是其独特之处。经过整理分析，我们总结出癸能十大神奇密码，贯穿了从自然、生产、生活，到哈尼人的精神世界。

1）十大神奇密码

（1）神奇奥妙的自然密码

神奇密码1：为什么只有癸能的刺五加是紫色的（当地又称"紫五加"）?

神奇密码2：为什么大家熟知的墨江紫米的原产地在这里，并成为宫廷贡米？

神奇密码3：为什么癸能的地形地貌符合汉族风水原理（依山傍水、背阴抱阳）?

（2）暗显禁忌的人文密码

神奇密码4：为什么哈尼人的土掌房与现代极简主义大师的理念异曲同工？

神奇密码5：哈尼人的双胞胎井文化崇拜确有其事？

神奇密码6：哈尼人的"祭竜"文化如此神秘，哈尼人的精神世界还有多少禁忌？

（3）传奇色彩的附舍摇（淘金）密码

神奇密码7：为什么癸能这里会有淘金？

神奇密码8：翻阅历史发现，为什么19世纪初在这里上演着中国版的淘金记？

神奇密码9：为什么曾经上演中国版淘金记的癸能现在淘金产业越发没落？

神奇密码10：作为特色淘金工具的"附舍摇"又是什么？

拥有三类神奇密码的癸能地处神秘的北回归线，使癸能更具神秘色彩，这些神奇密码，也是癸能发展特色小镇所要依托的资源和其优势所在，接下来我们对其神秘资源进行具体的介绍分析。

2）核心资源优势分析

（1）自然风景资源

癸能盛产刺五加中的珍稀品种紫五加，以及"宫廷紫米"，具有独特的农产品资源优势。癸能大寨拥有古树群三处，寨神林三处，其中竜林占地面积约为 2 万 m²。村落依山而建，四周哈尼梯田环绕，小河静静流淌，土掌房等传统民居则精巧地融入其中，形成"森林—村寨—梯田—江河"四位一体的哈尼山水景观。

（2）哈尼文化资源

癸能大寨是墨江县户数最多、最集中的哈尼寨子，形成了极具特色的哈尼民族文化和生活习俗，它以即兴创作的民俗歌舞及种类多样的传统家庭手工业等为代表。传统舞蹈、传统民俗活动、传统技艺、民间文学等类型的非物质文化资源种类多样且保留完整。癸能的祭祀活动以神秘的祭龙较为普遍和隆重，每年春节后第一个属龙日会举行隆重的祭龙仪式，祈求村寨平安、五谷丰收、远离灾害。

（3）淘金文化资源

癸能金矿历史悠久，20 世纪以前是云南省发现的唯一的大型原生金矿床，是清政府七大金矿之一，年产万两黄金。明末清初，开始开采金矿，矿工达 2000 人，金矿的开采带动了周围村寨的发展。水癸河串联金厂和癸能大寨，河水冲刷带来大量黄金，村里家家户户都有自制的淘金床，并吸引了大量的外地淘金者、商贾蜂拥而至，上演着中国版的"淘金记"。至此，"淘金"是癸能独特历史与资源优势。

（4）北回归线基因

癸能地处北回归线上，拥有北回归线的神秘基因，与世界范围内北回归线上的其他绝景、奇迹、谜团共同构成北回归线奇观。

综上所述，癸能拥有丰富的自然资源、集中的哈尼文化、独特的淘金历史、神奇的回归基因，现状资源内容丰富，自然、人文、淘金、北回归线四类神秘资源特色鲜明，优势突出，那么这些神秘资源能否转化为旅游产品？转化为产品所要解决的关键问题又是什么呢？

3）发展机遇

（1）火热的探秘消费市场让癸能的神秘资源大有可为

我国已步入体验经济时代，旅游者不再满足于传统的走马观花式的旅游方式，一些新颖的、个性化的、多样化的旅游方式日益受到欢迎。20 世纪 90 年代开始，《正大综艺》打开了中国老百姓的猎奇心理，而近年来各类探秘节目、真人秀节目更是广受欢迎，掀起探秘旅游的热潮，充满猎奇色彩的探秘旅游成为 90 后、00 后年轻人的"新宠"。目前我国探秘体验旅游市场已形成一定的规模，2016 年国内游客参与探秘探险旅游达 1600 万人次，探险旅游公司 Intrepid 发布报告显示，中国旅行者不再满足于传统的观光游览，9% 的旅行者喜欢探险旅游。因此，癸能神奇密码符合旅游市场发展趋势。此外，癸能独特的淘金资源旅游在西南地区具有独特性优势，旅游市场为癸能发展淘金探秘类旅游带来了机遇。

（2）高铁的开通让癸能神秘资源向旅游产品转换大有可能

癸能位于昆明—西双版纳滇西南国际旅游区的中点，玉磨高铁的开通使癸能成为墨江第一站，承载着昆曼国际旅游大通道上的庞大游客量，拉近了癸能与消费市场的距离，巨大的消费市场为特色资源转变成旅游产品提供了基础。

（3）特色小镇政策让癸能资源产品化有了资金与政策的支持

癸能的特色资源向产品的转换需要引导性资金投入，特色小镇政策则为这个转变提供了资金保证。国家、云南省、普洱市层面均已出台相关政策，为特色小镇建设提供建设启动资金、奖励资金等支持。

通过以上对癸能神秘资源的梳理以及对其发展机遇的分析，我们认为无论是市场方面、交通区位方面，还是国家政策方面都为其神秘资源转化为产品提供了强有力的条件，然而通过调研发现虽然癸能拥有丰富的神秘资源，但是其开发的深度不足，在资源的产品化转变上亟待突破瓶颈，对此我们认为，突破瓶颈的有效解决路径在于重组神秘资源，重构探秘体系。

5.6.3 解题：构筑产业、空间与运营的规划闭环路线

1）总体定位

对于本项目的定位，我们采取了资源市场并轨的定位逻辑，通过精准破解区域资源十大密码，探索区域核心资源特色，进而与旅游市场进行并轨分析，确定了如下总体定位：北回归线哈尼秘境小镇，我们希望通过深入挖掘癸能神奇的自然奥秘、神秘的哈尼文化、悠久的淘金秘史以及奇特的回归基因，打造一条北回归线上的神奇探秘之路。

2）"产业—空间—运营"的规划闭环路线

本项目通过破解区域资源十大密码，设计出自然探秘、人文探秘、淘金探秘、回归探秘计四大探秘产品，打造了一条北回归线上的神奇探秘之路；通过核心区深度探秘休闲区和全域秘境公园的建设，布局秘境空间；最后通过目标客群的精准定位，破解运营难点，构筑了"产业—空间—运营"的规划闭环路线。

（1）产业战略——四个探秘产品

① 自然探秘体验旅游产品

依托现有自然资源，通过一条自然观光游线、一组沉浸式田园体验、一批能带走的特色农产等构建自然探秘产品体系（图5-38），探秘内容

图5-38　自然探秘旅游产品

主要包括紫米/紫五加探秘及仙人洞探秘等，功能业态主要有田园观光、梯田住宿、体验工坊、探险体验等。该类产品主要吸引观光休闲客群。

② 人文探秘体验旅游产品

依托现状人文资源，通过一次文化走读、一场文化盛宴、一段文化栖居之旅等构建人文探秘产品体系（图5-39），探秘内容主要包括哈尼土掌房探秘、哈尼祭祀探秘及其他哈尼文化探秘等，功能业态主要有开放式博物馆、青年旅社、探险体验、商业餐饮等。该类产品主要吸引年轻活力型客群。

图 5-39　人文探秘旅游产品

③ 淘金探秘体验旅游产品

依托现状淘金资源，通过一次淘金之旅、一次淘金体验、一次真正的淘金等构建淘金探秘产品体系（图5-40），探秘内容主要包括淘金乐园探秘、淘金探险等，功能业态主要有淘金体验、DIY工坊、展览展示、餐饮商业、探秘步道等。该类产品主要吸引年轻客群和家庭客群。

④ 回归探秘体验旅游产品

依托现状地理优势，通过北回归线走马观花、北回归线娱乐体验、北回归线周边产品等构建回归探秘产品体系，探秘内容为北回归线探秘，功能业态主要有主题公园、主题街区、影音娱乐等。该类产品主要吸引年轻活力、爱好冒险型的客群（图5-41）。

（2）空间战略——全域秘境公园

空间战略从全域和核心区两个层面进行规划设计，扩大特色小镇的开发效应，带动周边区域的发展。

① 全域层面：一条探秘之路，一座秘境公园

我们将整个癸能小镇（包括癸能大寨、高铁片区、金矿片区）打造

图 5-40　淘金体验旅游产品

图 5-41　回归探秘旅游产品

为"一座秘境公园、一条探秘之路、三类体验秘境",游客可以沿着这条探秘之路,一路解锁癸能的神奇密码,感受处处充满神奇的哈尼村寨。"三类体验秘境"可以让游客获得不同程度的探秘体验:第一类秘境"禁区",顾名思义就是绝对的保护区域,禁止游客进入,主要包括哈尼族的神林竜林以及无法进入的金矿;第二类秘境"冒险区",游客可以在此深度参与探秘旅游,探秘哈尼族文化习俗,探秘淘金历史、参与淘金活动;第三类秘境"体验区",在这个区域游客可以获得观光体验,主要包括高铁站的 VR 观光旅游、大寨村土掌房博物馆参观等(图 5-42)。

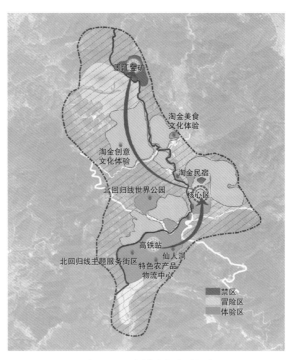

图 5-42　全域空间规划图

在这条探秘之路上，我们根据三大区域（核心区、高铁片区、金矿片区）的特色与功能定位的不同，在沿线开发了不同的旅游产品，其中在高铁片区到核心区之间开发了北回归线世界公园，哈尼土掌房创意建筑试验工厂、"北回归线"主题商业服务街区、仙人洞等旅游产品；在核心区到金矿片区之间开发以淘金为主题特色的餐饮、住宿、文创旅游产品，主要包括淘金民宿服务节点、淘金美食商业服务节点、淘金创意文化服务节点等旅游产品。

② 核心区层面：打造全域秘境公园的深度探秘休闲区

图 5-43　核心区空间规划图

在核心区我们遵循哈尼族"在地美学"思想，强调地方自然、人文景观根植性，延续葵能大地肌理，形成"一核五组团"的圈层式生长结构，打造全域秘境公园的深度探秘休闲区。一核，即古村寨保护核心区；五组团，即竜林祭祀探秘区（禁区）、紫米/紫五加田园探秘区（冒险区）、淘金村寨探秘区（冒险区）、哈尼风情探秘区（体验区）、哈尼商业探秘区（体验区）（图 5-43）。

a. 古村寨保护核心区

对于古村寨保护核心区，我们遵循保护性开发的原则，以将其整体打造成开放式土掌房博物馆为发展思路，展示哈尼人的婚丧嫁娶、生活起居。对核心区内部传统民居按照完全保留型、保留修复型、保留外观改造型三种类型进行重新梳理和整合，塑造哈尼土掌房整体风貌，保留哈尼族传统生活方式，局部打造经营性业态，促进传统历史文化资源价值增长。重点经营展览展示、文化艺术、体验类的消费产品，打造哈尼博物馆、哈尼扭鼓剧场、哈尼生活体验馆、哈尼刺绣艺术部落等支撑项目。

b. 紫米/紫五加田园探秘区

对于紫米紫五加田园探秘区，我们的发展思路是根据道路走向、面山背山的现状及现实农作物种植情况，在建设控制地带之外，设置两片农业种植片区，建立梯田观光体验区，同时提升环境品质。除了观光体验之外，重点打造高端体验式的梯田民宿项目。

c. 淘金村寨探秘区

对于淘金村寨探秘区，我们的发展思路是依托当地现有金矿资源及历史背景，设置以探秘为主题的相关项目，其具体功能涵盖展览展示、休闲体验、互联网+、工艺品集市、淘金文化体验等。打造"淘金记"主题街、矿工餐厅、VR虚拟淘金馆、淘金历史展览馆、水癸金坊DIY教室、DIY原乡工坊集市、附舍摇淘金体验园等支撑项目。

d. 竜林祭祀探秘区

对于竜林祭祀探秘区，我们的发展思路是以哈尼族神秘祭祀文化为切入点，传承地方文化，吸引游客。开发竜林祭祀探秘项目，在每年春节后第一个属龙日，参与当地传统祭竜活动，祈求风调雨顺，平安健康，观摩哈尼传统祭祀舞蹈，品尝哈尼族传统食品。

e. 哈尼风情探秘区

对于哈尼风情探秘区，我们的发展思路是邀请当地传统建造匠人，同时结合设计团队新颖的设计理念，采用当地传统工艺，将建筑从外立面改造、内部装饰、结构加固等方面进行修缮，做到修旧如旧。开发哈尼绣坊、北回归线探秘大世界、哈尼喜悦秘境民宿街、哈尼酒坊等项目。

f. 哈尼商业探秘区

对于哈尼商业探秘区，我们的发展思路是功能定位为整个规划片区的入口服务片区，依托本土资源，打造集形象展示、商品销售、产品体验为一体的综合商业服务区。开发癸能哈尼创意市集、金坊订制O2O线下体验店、紫米/紫五加产品O2O体验店、哈尼服饰租赁等项目。

除了一系列项目的打造，活动的打造也十分必要，我们规划设计了核心区"白+黑"的全时活动组织，分别打造了"哈尼文化探秘盛宴"和"禁忌探险探秘盛宴"，组织了丰富的活动体验（图5-44）。

一场哈尼文化探秘盛宴	一场禁忌探险探秘盛宴
• 身着民族服装代替门票 • 吃一份哈尼特色早餐 • 到工坊探秘哈尼美食的奥秘 • 逛一逛哈尼博物馆感受哈尼文化的渊源历史	• 夜访淘金乐园，变身矿工，感受深夜的淘金秘境
• 品尝哈尼特色餐饮 • 走进淘金乐园探秘淘金乐趣 • 探秘紫米/紫五加的土壤之谜	• 走近竜林禁区，探险竜林深处的神秘秘境
• 利用淘金自制金饰 • 探秘哈尼刺绣的精巧神秘	• 回到哈尼村寨，探险夜晚的哈尼篝火和哈尼扭鼓舞 • 回到古老土掌房民宿，感受神秘山寨的传奇生活

图 5-44 "白＋黑"的全时活动组织

（3）运营战略——从资源、产品到商品

① 运营策略

通过精准定位潜在的游客消费群体，用节事活动树立品牌，并通过周边产品设计、景区智慧系统等运营策略让资源成为产品，进而成为商品。

本项目以年轻人、冒险爱好者、运动爱好者为客群主体，这部分客群精力充沛，乐于冒险，敢于尝试新事物，喜欢充满神秘性、危险性和刺激性的事物及活动。根据项目策划产品体系内容，打造全年全周期节事活动，如二月探秘祭竜活动、四月神奇的紫五加文化节、五月双胞探秘节、七月探秘苦扎扎、八月淘金探秘活动、十月山林骑行探秘、十一月解密哈尼新年；根据四大产品主题进行产品 IP 设计，如淘金主题产品 IP、自然主题产品 IP、人文主题产品 IP、回归主题产品 IP；打造智慧景区，从准备探秘、进入探秘、探秘途中到探秘归来，提供全程智能化的服务。通过以上这些运营策略，实现癸能神秘资源从资源到产品、商品的转变。

② 落实"三年三步走"战略

2017 年为启动期，通过淘金引爆，两大核心版块树立形象，打开区域知名度；2018 年为发展期，通过竜林探秘等特色项目植入带动探秘旅游升级，通过核心区入口（哈尼商业探秘区）及高铁片区服务配套升级带来现金流；2019 年为成熟期，全域全面纳入发展，打造全周期探秘旅游综合体，经济效益凸显（图 5-45）。

图 5-45 "三年三步走"战略图

5.6.4 小结

本规划以"北回归线哈尼秘境小镇"作为总体定位，以淘金文化、哈尼文化等为基础打造秘境小镇。其中：古村寨核心保护区以哈尼生活、哈尼文化展示为主；淘金村寨探秘区以淘金体验、淘金文化展现为主；紫米/紫五加田园探秘区以特色种植观光、哈尼人生生不息的民族精神为主；竜林祭祀探秘区以哈尼人对神明的精神寄托、祭祀文化为主；哈尼商业探秘区和哈尼风情探秘区以哈尼生活、哈尼民俗风情展示和体验为主。项目前期通过土掌房与淘金引爆，中期植入特色项目、建设商业服务配套，最后在全域形成文化内容丰富，文化氛围浓郁的秘境小镇。

在重点产品开发方面，多次对标知名成功案例，如土掌房博物馆对标桑斯安斯风车村、淘金探秘主题乐园对标澳大利亚疏芬山淘金小镇等等，为项目的成功打造提供了借鉴意义。

5.7 都市休闲小镇：河北廊坊永清集群小镇新型城镇化规划实践[11]

国家"十二五"规划纲要提出了"推进京津冀区域经济一体化发展，打造首都经济圈"的发展战略，表明"首都经济圈"已经被列入到国家的总体区域发展战略中[12]。所谓的首都经济圈是指以北京为核心城市，以辐射带动周边多个城市和区域的协同发展为目标的都市圈。北京在其发展过程中由于过度集中了非首都功能，导致了一系列诸如人口膨胀、交通拥挤、房价高涨等突出问题的出现。首都经济圈这一发展战略的提出对于周边城市承接北京的非首都功能以及缓解上述问题具有重要意义。

本节要给大家介绍的廊坊永清集群小镇，位于河北省中部，地处京、津、保三角地带中心，处于首都半小时经济圈的范围内，具有良好的生态环境，致力于打造为大北京范围的都市人群居家、置业、周末休闲、乡村体验的首选地之一。小镇由 9 个地块组成，面积共 1664.14 hm²，紧邻台湾工业新城及浙商新城，具有良好的产业发展环境（图 5-46）。

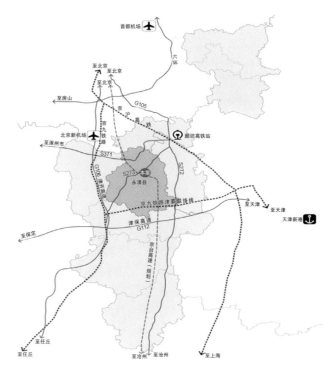

图 5-46　永清集群小镇区位图

5.7.1　项目背景

1）"美丽中国"背景下的环首都绿色经济圈

党的十八大提出了"美丽中国"的概念，强调把生态文明建设放在突出位置，融入经济建设、政治建设、文化建设、社会建设各方面和全过程，其生态优先、绿色发展、永续发展和区域统筹的内在要求与环首都绿色经济圈的发展目标不谋而合，核心均在于绿色发展、统筹发展、和谐发展（图 5-47）[13]。因此可以看出国家从战略的高度，强调了绿色发展、统筹发展的重要性，贯穿了经济、政治、文化生活的方方面面。

2）我国"特色小镇"建设发展的兴起

近年来，随着我国对城镇化建设

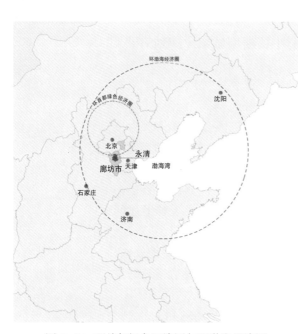

图 5-47　环首都绿色经济圈与环渤海经济圈

的推进及探索，特色小镇的建设成为区域发展建设的新选择。从功能上，大城市周边的小镇建设为释放城市压力提供了一个很好的方式，小镇将城市功能重新布局，通过产业带动，把人口从市区疏散到郊区，为城市和谐发展找到了一条出路；从发展上，小镇的建设促进了自身的产业转型，刺激了区域经济的繁荣；从形态上，特色小镇基础设施齐全、景色优美、文化内涵丰富，在作为一种人类居住形态和生活方式呈现的同时，它还被视为一种宝贵的旅游资源和文化形态，备受青睐。

3）"都市型现代农业"对新型城镇化的发展具有积极作用

中国正处于城镇化的转型时期，实现产业结构、就业方式、人居环境、社会保障等一系列由"乡"到"城"的重要转变是区域建设发展的根本任务。特色、高品质小城镇的建设，是新时期新型城镇化的发展道路之一。我国农村人口众多，人口的城镇化要完全依靠大中城市解决，既不现实，也不理想。因此，这也决定了在新一轮的城镇化过程中，大批特色化的小城镇将成为承接新转移农村劳动力的主力军。"小"并不意味着品质低，小城镇也可以成为"特色、个性、高品质"生活的代名词。而发展都市型现代农业对调整农业产业结构、优化农业资源配置、延长农业产业链条、促进传统农业发展方式的转变以及提供多样化的就业机会和改善农村人居环境等具有积极的意义，都市型现代农业区的建设过程，也是高品质、特色化的城镇化过程。

由以上分析可以看出，"美丽中国"、环首都绿色经济圈以及都市农业等战略与理念对永清新型城镇化建设以及将其发展为"大北京范围的都市人群居家、置业、周末休闲、乡村体验的首选地之一"具有积极作用。那么永清集群小镇在发展过程中具备哪些优势条件呢？接下来我们从四个方面做具体的分析。

5.7.2 小镇发展优势与发展定位

1）小镇发展优势

（1）优越的交通区位：位于首都半小时经济圈，距首都新机场 15 km，交通优势突出。

小镇位于廊坊市永清县，属于京津空间拓展的核心区域，北距北京南四环 50 km，东距天津市60 km。除了先天的交通区位优势，小镇还拥有铁路、公路、航空和港口等多样化的交通体系（图5-48）。

铁路：距京沪高铁新廊坊站 23 km，京九铁路津霸联络线在永清南部横穿而过，并设有客货站两处，直抵广州、深圳。

公路：京台高速公路通过永清，并在城东侧留

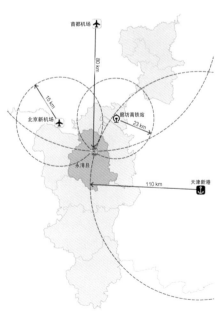

图 5-48 小镇交通区位图

有出口；廊沧高速（京台高速与京沪高速连接线）穿城而过，使永清跻身首都半小时经济圈；周边有京开（106）、津保（112）两条国道和廊涿、廊泊两条省级公路以及后澜、柳码、采信三条县级公路，交通环境四通八达。

航空：永清距首都机场 80 km，距北京新机场榆垡镇 15 km。

港口：距天津新港 110 km。

（2）多样化的资源构成：资源多样化，发展潜力大

① 丰厚的油气资源。永清是华北油田的主产区，天然气储量达 50 亿 m³，设有华北油田和陕甘进京输气总站。

② 多元的人文资源。永清境内拥有宋辽古战道，被誉为"地下长城"，此外保存着唐代石碑、宋代汉军台、辽代白塔、洪觉禅寺碑、翰林故居等丰富的旅游资源。

③ 丰富的林木资源。永清县共有林地面积 51 万亩（1 亩 ≈ 667 m²），居华北平原县之首，森林覆盖率达 43%。

④ 潜在的复合劳动力资源。永清县劳动力成本低廉，县内多所职业技术学校可以满足企业各类用工需求。

⑤ 具有潜力的土地资源。永清是永定河冲积平原，域内有大面积历史形成的沙荒地和疏林地，土地利用潜力大。

⑥ 珍贵的地热资源。地热面积 300 km²，地热水储量 7 亿 m³，水质优良纯净，含有多种矿物质及微量元素。

永清拥有工农业复合发展背景，因此有潜力突破资源基底限制，打破静态与单调，打造具有景观特色的、开放式的、宜业宜商宜居宜游的综合型区域；项目地多样化的资源为拓展资源的外延提供了可能性，进而为延长经济产业链，提升与丰富生产、消费层次提供了基础条件；低碳的区域资源条件，能够创造生态低碳的景观环境和安全和谐的城市品质，进而合理转化利用形成新兴的旅游景观及旅游产业。

（3）良好的城镇建设环境：全国城镇化的建设环境为永清发展带来新机会

当今中国，城乡的发展正在进入一个新的阶段，需要通过城乡一体化相关机制的重大突破，实现由传统工业化、城市化模式向新型工业化、城市化模式转变。作为面临区域发展瓶颈的永清，正需要通过区域产业结构的调整，以及与周边城乡产业之间协作和联系的强化探寻新型发展道路。城乡一体化时期，城乡资源的共享与互补是实现城乡协调发展的先决条件，高标准建设大城市外围的卫星城、小城镇是大城市减轻人口压力的重要方式，也是促进小城镇建设发展的重要路径。

（4）坚实的产业支撑：区域产业发展形成一定规模，为项目建设提供一定的产业支撑

永清台湾工业新城、永清浙商新城、永清工业园区等新兴产业蓬勃发展，为永清产业的创新发展提供了坚实的产业支撑。从政策与规划层

面，永清的特色产业发展已具有一定的规模潜力，但发展状态仍较为滞缓，应从实际发展的层面将农业、农产品加工、创意文化、休闲旅游等多方面结合起来，利用资源本底及现实条件基础稳步发展。

2）发展定位

通过以上对永清集群小镇项目背景分析以及发展优势的分析，我们确定了永清发展的定位。形象定位：国瑞彩虹小镇，美丽乐活永清。

（1）"彩虹小镇"形象定位解读

首先从功能上，将小镇打造成为环首都经济圈提供居住服务、产业服务、旅游休闲服务的综合型服务小镇；其次从形态上，依托不同群体的生活方式特点，创新打造具有主题居住特色的集群小镇；最后从产业上，在实现产业转型基础上，打造以都市现代农业为产业特征的绿色品质小镇。

（2）目标定位及解读

① 建设成为京津置业宜居的新选择。依托区域位于环京津经济圈的经济地位优势、首都半小时经济圈的交通区位优势及面向京津地区三千万人口的市场优势，以宜居的生态环境、便捷的生活服务、便利的交通环境及房价的比较优势，吸引京津置业人群，成为京津置业的新选择。

② 建设成为廊坊都市休闲的新热点。项目精确瞄准廊坊百万人口的休闲需求，以原生态的环境为背景，将时尚、健康、快乐、体验等现代都市居民的新需求元素融入现代田园产品开发之中，着力打造传统型、现代商业型、现代度假型、旅游小镇型、会议配套型、地产配套型等多种组合的产品形态，成为廊坊都市休闲的热点，城郊休闲的首选地之一。

③ 建设成为廊坊旅游名片的新突破。在合理利用现有资源的基础上，进行创新化、综合化的包装，实现农业旅游、工业旅游、文化创意旅游等方面的新发展，成为树立廊坊旅游名片的新突破、新热点。

④ 建设成为永清发展建设的新典范。通过对居住环境富有针对性的主题化打造，对产业结构的综合调整及链条梳理，对业态的多元结合及创新突破，集群小镇中的国瑞小镇成为永清发展建设的新品牌、新典范。

（3）小镇市场定位及解读

为针对性采取市场策略及市场定位，我们将市场类别分为主体市场、机会市场、国际市场以及专项市场。

① 主体市场。该类市场以廊坊市客群为主体，辐射京津城市经济圈中的相关城市如北京、天津等地客群，主要满足其生活居住、休闲旅游的需求，其市场定位为"京津同城家园"与"京津假日休闲目的地"，相应地设计宜居—彩虹小镇、宜游—观光旅游、工农创意文化旅游等产品类型。

② 机会市场。该类市场首先以周边城市如保定、沧州、唐山等城市的人群为主要客群，主要满足其生活居住、休闲旅游以及工作的需求，将其市场定位为"新家园，新生活"，相应地设计了宜居—彩虹小镇、休闲旅游—工农创意文化旅游、宜业—农产品加工基地、国瑞农贸城、家

居展销城等产品类型；其次吸引周边交通发达的省市如山西、河南、山东等地的客群，主要满足其休闲旅游的需求，其市场定位为"特色小镇，文化旅游新品牌"，相应地设计宜游—工农创意文化旅游产品类型。

③ 国际市场。该类市场主要吸引在中国长期居住工作的外国人、周边城市的国外友好城市的客群，主要满足其生活居住的需求，其市场定位为"美好生态环境，中式小镇特色，全新生活体验"，相应地设计宜居—彩虹小镇产品类型。

④ 专项市场。该类市场主要吸引理疗、养老等有特殊需求的市场群体，满足其生活居住、休养度假的需求，其市场定位为"品质养老目的地"与"远离繁华都市，开启悠闲新生活"，相应地设计宜居—彩虹小镇与宜疗—国瑞医院两大产品体系。

5.7.3 规划策略及规划实施

在定位的基础上，我们分别制定了项目的总体策略和专项策略。专项策略具体包括城乡统筹策略、产业发展策略、空间利用策略、绿色交通策略以及特色景观策略全方位的发展策略，以期为永清集群小镇的全方位建设提供指导和建议。下面重点介绍总体策略以及专项策略中的产业发展策略和空间利用策略。

1）总体策略

（1）市场层面：面向都市群体的消费需求，实现"大北京"的市场突破

依托项目地半小时车程内的首都经济圈，以及生态田园的比较优势，将永清打造成为大北京范围的都市人群居家、置业、周末休闲、乡村体验的首选地之一（图5-49）。

图 5-49 都市市场消费需求

（2）产业层面：整合资源，创新业态，构建新型产业格局，实现创新突破

对永清现状资源进行梳理整合，延长产业链条，创新产业业态，以

新业态统筹区域产业布局，以新型产业促进经济龙头带动，以旅游促进城镇化进程，提升城市生活品质，实施经济生态化、旅游创新化、产业多元化战略，形成创意农业、工业旅游、理疗养老功能区域，构建新型产业格局（图5-50）。

图 5-50　新型产业格局

（3）功能层面：围绕永清建设"大北京经济圈"这一中心工作，构建新经济发展模式，发挥先导示范功能，实现率先突破

　　项目区域的建设要紧紧围绕永清"大北京经济圈"这一经济社会发展定位的中心工作，发挥区域在永清新型城镇建设中的先导示范功能，以生态环境为基础，以引进消费为方向，以重组构建新型产业链条为职能，以旅游业为突破口，带动发展现代服务业，构建新的经济发展模式，实现率先突破（图5-51）。

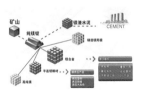

图 5-51　新经济发展模式

　　2）专项策略
　　（1）产业发展策略
　　本规划以都市型现代农业为产业规划指导思想，围绕都市型现代农业的基础性、融合性、创意性，向深度和广度拓展，着力开发好农业的生产、生态和生活功能，通过构建产业链条、打造产业基地及创新产业类型三种方式，梳理项目地产业形态，为区域产业的可持续发展提供可行策略。

① 构建产业链条。通过调研我们了解到永清的原始产业主要包括果树种植、花卉苗木以及农业生产。农业产业基础良好，但是存在产业链条短、产品附加值低的问题。针对这些问题，我们提出延长农业生产的产业链条，形成包括创意农业、观光农业、旅游业、加工业、服务业以及商业的新型产业，围绕新型产业开发一系列的核心产品，从而大大拓展了农业业态（图5-52）。

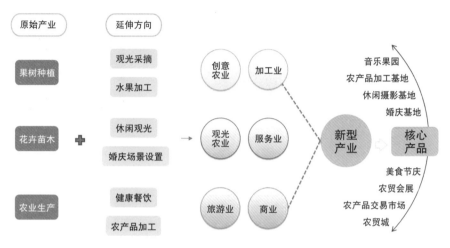

图 5-52 小镇产业链条图

② 打造产业基地。打造家居展销基地和水产品交易基地两大产业基地：围绕永清家居产业，形成集家居装配、深加工、家居仓储、物流以及家居新品发布、会展、交易于一体的家居展销基地；围绕水产品产业，形成集水产品交易市场、水产品仓储、物流及鉴赏型花鸟虫鱼展示交易中心于一体的水产品交易基地（图5-53）。

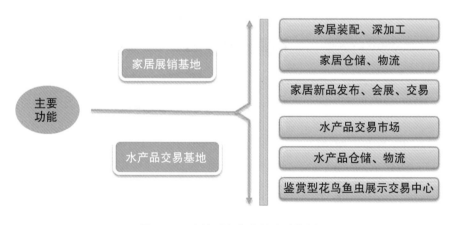

图 5-53 小镇两大产业基地功能图

③ 创新产业类型。依托永清的环境基底，将永清的核雕文化、石油工业历史、农业生产环境与旅游产业相结合，从而形成文化创意旅游、工业旅游、农业创意旅游等创新产业类型，实现一产、二产与三产的有机结合，进而开发包括核雕艺术工厂、石油工业博物馆、工业生态景观公园以及农耕文化体验园等核心旅游产品（图5-54）。

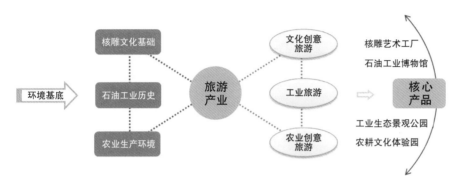

图 5-54　小镇创新产业类型图

（2）空间发展策略

城镇空间的合理及有效利用是保障城镇发展均衡的重要条件，也是实现土地优化配置的重要途径。本次规划从立足生态、创新旅游、延伸产业、美化环境这四个角度对工业遗址等部分区域的闲置空间利用提供了可行策略。立足生态，建设包括工业生态景观公园、大地艺术景观公园等生态公园作为城市休闲后花园；创新旅游，发展工业观摩旅游、农业体验旅游、文化创意旅游，开发包括石油工业博物馆、音乐果园、农耕文化体验园、花卉婚纱摄影基地等旅游产品；延伸产业，作为产业功能延伸的区域，发展会展、婚庆等新兴产业类型；美化环境，创造景观视觉享受及休闲空间享受。

3）规划实施：功能布局

空间以"块状集聚，功能互融"为特征，布局了三镇六区一基地，分别是三个主题小镇、特色产业培育展示区、运动休闲产业区、空港商务服务区、城镇化安置新区、养老产业区、综合产业培育与市政生活服务配套支持区、总部产业基地，产生集聚效应，将产业、体育、文化、旅游、社区等多种业态融合发展（图5-55、图5-56）。

① 三个主题小镇，分别是庄园小镇、风车小镇和五环小镇。分别针对高端消费群体和中青年群体，打造不同群体的标志空间。依据主题的选择，进行外部风貌的塑造，同时，主题活动的设置，有效地集聚了人气，为区域带来活力。其中庄园小镇以庄园为主题特色，体现欧式庄园风格，以高端消费群体为市场目标，配套家庭农场、私人会所以及雕塑广场等项目；风车小镇以风车为主题特色，体现新古典主义建筑风格，

图 5-55　小镇功能布局图

图 5-56　小镇设计总平面图

以高端消费群体为目标市场，配套产权酒店、企业会所、休闲广场以及风车会所等项目；五环小镇以体育运动为主题特色，体现现代简约风格，重点吸引中青年群体，配套体育明星广场、健身演艺广场、商业休闲广场、世纪广场、雕塑广场、酒吧街、体育运动会馆等项目。

②　特色产业培育展示区以观光农业、休闲运动及家庭农场为主题特色，以项目内部及周边区域居住群体为市场目标，打造农业观光园、家庭农场、高尔夫练习场以及休闲运动中心等项目。

③ 运动休闲产业区以文化创意旅游产业为主题特色，以本地及京津市场为目标市场，以向日葵摩天轮为标志空间，依托本地多样化的资源，打造一系列工业旅游、农业创意旅游、文化创意旅游产品。

④ 空港商务服务区，依托区位优势规划布局了空港商务服务区，主要功能以产业办公为主，建筑设计现代简约，打造休闲酒吧街、国际商务城、国际商务酒店、娱乐休闲中心等项目，吸引空港地勤人员。

⑤ 城镇化安置新区在建筑风格上体现现代简约风格，以回迁安置群体为市场目标，配套社区服务中心、社区幼儿园、小型商业区以及便利店等项目。

⑥ 养老产业区是针对中老年群体的产业区，以休闲漫步游道为标识空间，配套社区幼儿园、社区服务中心、社区医院等项目，以打造老年宜居的生活空间。

⑦ 综合产业培育与市政生活服务配套支持区主要以商业街为标志空间，以行政、商业和市政服务为主要功能，打造国瑞农贸城、农产品加工基地、家具产品基地、水产品交易中心、国瑞医院、中心影院、休闲娱乐城、中央公园、商务中心、行政中心等项目，完善了区域的公共服务配套。

⑧ 总部产业基地，以中式办公为特色，以总部会所为标志空间，用来吸引创新型企业和高新精企业入驻，为产业发展预留了充足的弹性空间。

5.7.4 小结

永清凭借其位于首都半小时经济圈的区位优势和一定的产业基础，在"美丽中国"以及环首都绿色经济圈的战略背景下，以都市型现代农业理念为指引，探寻"服务于产业，服务于人口"的新城镇建设之路，致力于将永清打造为大北京范围的都市人群居家、置业、周末休闲、乡村体验的首选地之一。

项目在确定"国瑞彩虹小镇，美丽乐活永清"形象定位的基础上，制定了相应的产业发展策略和空间策略。在产业发展策略方面，通过延长产业链条、打造产业基地、创新产业类型，实现了永清产业的多元化；在空间功能分布上以"块状集聚，功能互融"为特征，布局三镇六区一基地，促进了产业、体育、文化、旅游、社区等多种业态的融合发展。

5.8 文化小镇：河南安阳世家文化小镇概念规划[⑭]

在千城一面的环境下，能够找到自身特色产业，走出与众不同的发展路径，是现今区域发展的重要突破口。在国家推动特色小镇发展的背景下，依据"产城融合"概念，在空间上有机聚合，在功能上有机融合，将产业、文化、旅游等形成一个有机整体，创造出具有地区特点的特色小镇。因此，仅仅依托单一的传统资源发展模式已经不能满足小镇发展的现状需求，难以推动区域经济发展。然而，单一现状资源既是发展机遇亦是挑战。如何确保基础产业发展的同时推动其他产业的发展，是各小镇发展需要思考的问题。

我国拥有丰富的自然资源和历史文化资源，因而许多地区依托自然和历史的馈赠，壮大发展当地文化旅游产业。但是随着人们生活水平的提高，生活品质的上升，人们的选择范围更广，许多旅游地区发展遇到了瓶颈。文化旅游产业与其他产业融合的发展模式受到了许多地区的推崇。据统计，我国0—16岁儿童人口约有3亿多，随着服装市场女装、男装、体育服装等产品的逐渐饱和，童装市场的发展将大有可为。所以，将童装产业作为产业基础，壮大发展其他产业，共同推进地区经济发展，不失为一剂良方。

5.8.1 现状分析

安阳位于河南省最北部，是国家历史文化古城，中国六大古都之一。而将要规划发展的基地位于安阳城市主轴中华大道北延，城市北部门户区，柏庄镇东南角。现状地势平坦，有部分村民居住区和工业区，南北城市干道紧邻规划场地。

安阳现状产业可以分文化核和产业核两块进行分析。文化核是以文化产业体系为核心，将"家"文化与社会主义价值观做对标，通过和顺齐家、诚信兴家、诗书传家等方面，围绕文化内涵，发展服务、产业、教育等，提供产业服务，带动区域经济增长；产业核是安阳的基础产业——童装，通过童装产业，协同童装辅助产业发展，配合生活基础服务设施，形成产业集群，扩大童装产业规模，推动小镇产业发展。产业核与文化核围绕总体产业体系，凸显核心区"生产、生态、生活"三生示范功能，给产业指明了发展方向（图5-57）。

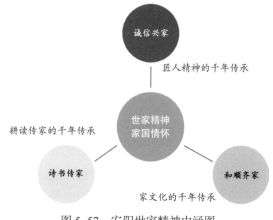

图5-57 安阳世家精神内涵图

安阳童装小镇进行产业升级转型是目前发展的关键，在转型中要明确目标客户群，区别客户群体，针对客户群，依托产业基础，配套相应的现代服务设施，建设完善的产业发展路径，形成完善的产业发展体系，才能确保产业经营模式顺利转型。在空间发展上，要以人为本，落实产城融合空间规划，为产业的运营者、从业者、消费者打造发展内核。在空间规划发展基础上，要尊重和展现传统文化中的城市空间秩序，构建产城有机融合的空间聚落。

5.8.2 产业定位与发展战略

在研究产业发展攻略定位上，不仅需要注重安阳自身的产业发展，还需要牢记安阳区位优势下的两个发展使命。首先，安阳作为河南省"北门户"，位于豫北城镇发展区的中心位置，未来更是中原地区与雄安新区对接的"第一站"（图5-58）。因此，基于安阳的地理位置，做好交接应援工作，助力安阳从"地理北门户"成为"协同发展的北门户"是安阳规划初期就应该牢记的使命。交通连通的便利不仅方便地区与地区之间的人口流动，还能加强同周边城市的产业协作，形成定位明确、产业布局合理、特色突出的区域协同产业集聚群。

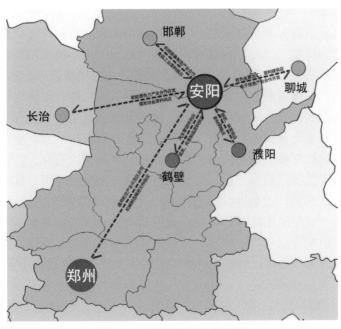

图5-58　区域协同产业发展

其次，安阳需要成为纺织工业转型升级的典范。然而，安阳纺织工业受到发达国家"再工业化"和发展中国家推进工业化进程的双重挤压，大而不强，亟待探索转型升级的新模式。目前安阳纺织产业遇到的主要问题是产品层次不高，导致市场涵盖范围较小，面对的主要是低端市场的选择，忽略了中高端市场的需求。同时科技创新不足也是一大问题，安阳还保留人力、机器等传统的纺织特点，并没有跟随时代的发展进行转型，现代人的审美需求和以前已经有很大的差异，老工艺生产下的产品已不足以填补现代青年的审美"代沟"。坚持老工艺的特点是保留老祖宗留下的历史传统，但不能否认的是，不完善的加工手段造成很多方面的浪费，例如能量消耗高，空气污染严重，进而产生一系列的生产问题，降低整体效率。并且较为明显的是，安阳的产业现状是关联度低、服务配套不足，导致区域之间无法协同发展，支撑储备不足，各个产业自顾不暇。因此，注重高端引领、创新驱动、绿色制造、集群发展和产城融合才能带动安阳走出发展现状，成为工业转型升级的典范。

小镇的主导产业定位是打造高端化、特色化、品牌化、智能化、绿色化、协同化产业集群。安阳童装产业保持传统特色产业发展模式，在技术水平和款式设计上依然维持原有的生产标准，但是随着人们的消费水平和审美要求的改变，传统老旧的款式已经满足不了大众审美，提高产品质量与款式，向研发、设计、品牌、分销等高附加值环节延伸，引领产业转型升级迫在眉睫。同时，在生产制造上，要追求绿色生产方式，向智能化、柔软化、精细化发展，提升技术、质量、健康环保标准，制造舒适、健康的服装产品。在生产模式上，要完善生产性服务链条，强化产业分工与协作，促进上下游标准衔接配套，推进科技协同创新、商业模式创新，建立集群竞争优势。因此，通过引领与导向作用，将小镇纺织业、服装业与生产性服务业有机融合、协同发展，共同带动区域童装产业发展。

在小镇整体发展上，以生态理念为指导，以产业升级为目标，以文化传承为灵魂，以人才聚集为根基，推动童装小镇生产、生态、生活和谐发展！在生态保护上，注重生产制造方式，跨越化学品安全种植、碳排放等技术性壁垒，以可持续发展为目标，节约生产资源，循环利用生产素材，降低生产成本，提高服装质量档次，创建再使用、低排放的循环经济发展模式，改善小镇生态整体环境，创建健康舒适的居住环境，打造宜居、宜旅的生活条件。在产业发展上，发挥当地龙头企业的带动作用，辐射配套企业产业经济，形成产业集聚，同时，创建企业品牌效应，开发研究市场流行趋势，合作知名服装品牌，推动童装小镇知名度。近几年商业经济模式转变迅速，有实体经营转向网络交易平台，小镇在抓住机遇的同时，跟随发展脚步，合作电商品牌，创建电子商务平台，拓展区域客户群体，驱动产业创新生产，共同推进产业发展。人才是实现产业振兴的根本，如何吸引人才、凝聚人才、留住人才是决定童装小镇成败的核心因素。实施文化引领战略，依托丰厚的文化基础，打造文化印记，突出小镇的文化特色，文化与产业协同发展，打造出独具特色的童装活力小镇。

5.8.3 概念规划

安阳童装小镇的总体规划围绕四个方面促进小镇经济发展,推动产业生产发展。

1)围绕产业发展

通过人才引进、高端引领等战略,围绕童装产业,重点发展高端环节,打造童装产业转型升级的核心引擎。通过培训机构的建立,吸引对服装设计、服装制造有兴趣的人才来这里学习培训,同时,提供服务配套政策支持,例如建设人才公寓、提供完善的商业服务设施等优异条件吸引人才,留住人才。并且,作为童装发展模范小镇,创建技术交流平台、研发平台,邀请著名人士前来,互相交流学习,共同进步也是小镇吸引人才的重要举措(图 5-59)。

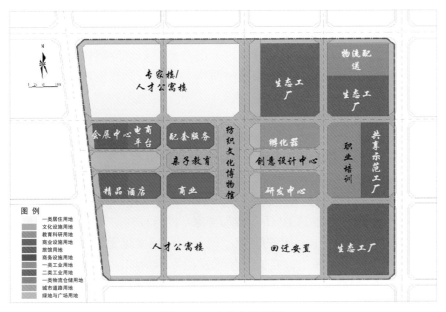

图 5-59　产业布局规划

2)促进产业融合

在产业发展上,以产促城、以城留才、以才兴业。以童装发展为核心,辐射带动其他周边产业,协同商业、教育、医疗、居住等发展,打造居住环境优美、工作环境舒心、学习环境优异、医疗环境安心的高品质生活小镇。提供完善的生活服务和基础设施,配套产业核心发展,提升生产效率,提高竞争优势,推动产业融合,促进区域协调发展。更为重要的是,规划提出在发展道路上,要坚持不断地学习思考,抓住新颖模式,要有自己的发展特色,不随波逐流,才能走出属于自己的特色发展道路。

3）落实生态文明

地方发展离不开生态环境的发展，一个美丽舒心的旅游环境将净化游客的心灵，洗涤他们的灵魂。为了促进人类与自然资源和谐共处，坚持可持续发展，我们倡导绿色出行，减少汽车尾气排放，多选择公共交通或者自行车、步行等环保方式出行。近几年较为火热的共享单车成为短途出行的主要交通设施，在减少道路、地铁等拥堵情况的同时也节约了出行时间，利于身心健康。但是，衍生出来的治理问题也成为令人头疼的事情，路边乱停乱放影响了整体市容，"单车坟场"也变成迫切需要解决的问题。多频次的使用导致单车寿命不长，容易损坏。单车公司为了减少人力物力，"单车坟场"成为所有"退休"单车的去处。所以在这里要呼吁一下，在使用交通工具的同时，要注意爱惜疼惜它，以延长使用寿命。我们倡导绿色资源利用，例如水电光等清洁能源或者其他可再生资源等。根据河南省水文信息网的数据显示，河南省河川径流量的主要补给来源是大气降水，地表水资源属于不丰富的省区。并且，由于地形地貌的影响导致地表水资源地区分布不均衡，水资源供需矛盾凸显。所以，为了避免安阳水资源短缺的情况出现，要合理利用水资源，珍惜每一滴水。当然，对其他珍稀资源亦同理，确保资源充足，长久利用。

4）彰显文化特色

安阳古迹众多，有着丰富的历史文化。例如中国历史上第一个都城殷墟就在这里，也是甲骨文的发现地。殷墟以历史文化为底蕴，三大文明的三大标志——文字、城市、生产工具都在殷墟得到了验证，基本上可以说是中华文明的起源地了。

丰厚的历史文化底蕴告诉了我们"家"的重要性，"家"传承的重要性。"家文化"是中国文化的基因，既继承传统文化元素，又开启新时代。在现代发展道路上，我们要传承发扬家国情怀，"修身、齐家、治国、平天下"。在发展道路上，要认真刻苦，不断钻研，发挥古人的匠人精神，努力将童装特色小镇打造成全国乃至全世界都闻名的特色文化童装小镇，推动安阳的经济发展。在家庭教育上，不要忘本，不在其位、不谋其政。正如童装小镇一样，抓住核心产业发展，不去设想自己不擅长的领域，才能促进产业发展，走上正确发展路径。

5.8.4 小结

由上可知，针对安阳童装小镇的发展，规划通过分析其现状基础条件、产业发展状况等问题，围绕安阳童装小镇的突出核心产业，提出发展策略。依托小镇产业基础，从生态、产业、人才引进、文化引领四个方面，全面发展小镇产业领域，促进产业发展，带动辐射经济产业，推动整体区域发展。同时，围绕"家文化"发展产业，突出文化内涵，彰显文化特色，在发展小镇的同时，宣扬古代文明，宣传小镇文化内涵，学习传统文化知识，从特色上提高小镇自身品质。

第 5 章注释

① 第 5.1 节作者为沈惠伟、臧艳绒，陈易修改。部分观点源自《石嘴山市星海镇特色小镇规划》第二阶段成果汇报文件。

② 第 5.2 节作者为沈惠伟、臧艳绒，陈易修改。部分观点源自《合肥市南艳湖机器人小镇概念性规划综合报告》成果汇报文件。

③ 第 5.3 节作者为乔硕庆，陈易修改。部分观点源自南京大学城市规划设计研究院有限公司北京分公司《随州市曾都区洛阳镇规划》项目部分内容。

④ 参见《随州市国民经济和社会发展第十三个五年规划纲要》。

⑤ 参见"随州市曾都区洛阳镇（2017—2030 年）说明书"。

⑥ 第 5.4 节作者为乔硕庆，陈易修改。部分观点源自南京大学城市规划设计研究院有限公司北京分公司《海口市罗牛山农场概念规划》项目部分内容。

⑦ 第 5.5 节作者为刘晓娜，陈易修改。部分观点源自南京大学城市规划设计研究院有限公司北京分公司《云南省墨江县碧溪特色小镇规划》项目部分内容。

⑧ 参见《云南省人民政府关于加快特色小镇发展的意见》。

⑨ 参见《住房和城乡建设部 国家发展改革委 财政部关于开展特色小镇培育工作的通知》。

⑩ 第 5.6 节作者为刘晓娜，陈易修改。部分观点源自南京大学城市规划设计研究院有限公司北京分公司《云南省墨江癸能特色小镇规划》项目部分内容。

⑪ 第 5.7 节作者为刘晓娜，陈易修改。部分观点源自南京大学城市规划设计研究院有限公司北京分公司《国瑞集群小镇新型城镇化实施方案概念规划》项目部分内容。

⑫ 参见《中共中央关于制定国民经济和社会发展第十二个五年规划的建议》。

⑬ 参见《中国共产党第十八次全国代表大会》。

⑭ 第 5.8 节作者为乔硕庆，陈易修改。部分观点源自南京大学城市规划设计研究院北京分院《安阳童装文化小镇核心区概念规划》项目部分内容。

第 5 章参考文献

［1］孔育红. 基于"慢城"理念的高淳乡村旅游开发研究［D］. 南京：南京农业大学，2014.

［2］丁风芹. 我国智慧旅游及其发展对策研究［J］. 中国城市经济，2012（1）：32，34.

［3］白小宁、王莹、贾敬敦，等. 区块链技术在农产品质量安全追溯体系中的应用设想［J］. 中国植保导刊，2019，39（3）：90-93.

［4］李长平. "五个坚持"建好特色小镇［N］. 云南日报，2017-05-24.

第 5 章图表来源

图 5-1 至图 5-8 源自:《石嘴山市星海镇特色小镇规划》第二阶段成果汇报文件.

图 5-9 至图 5-13 源自:《合肥市南艳湖机器人小镇概念性规划综合报告》成果汇报文件.

图 5-14 至图 5-22 源自:《随州洛阳镇论坛及中期成果》成果汇报文件.

图 5-23 至图 5-28 源自:《海口罗牛山概念规划第一阶段成果》成果汇报文件.

图 5-29 至图 5-36 源自:《云南省墨江县碧溪特色小镇规划设计》成果汇报文件.

图 5-37 至图 5-45 源自:《云南省墨江县癸能特色小镇规划设计》成果汇报文件.

图 5-46 至图 5-56 源自:《国瑞集群小镇新型城镇化实施方案概念规划》成果汇报文件.

图 5-57 至图 5-59 源自:《安阳童装文化小镇核心区概念规划》成果汇报文件.

表 5-1 源自:沈惠伟、臧艳绒绘制.

本书作者

陈易，男，1977 年生，江苏南京人。城市规划博士、高级城市规划师，南京大学产业教授、武汉大学兼职教授、北京大学客座教授。南京大学城市规划设计研究院院长助理兼北京分院院长，南京大学中法中心北京负责人，阿特金斯顾问有限公司原副董事、城市规划总监。主要研究方向为区域战略、空间治理、空间规划、新城开发、城市更新与特色小镇等。著有《转型时代的空间治理变革》《城记：多样空间的营造》，在多个 SSCI 国际期刊与中文核心期刊发表论文 20 余篇。主持、参与城乡区域规划项目与课题 100 余项，包括多个部委重大试点项目，并多次获得省、市各类规划奖项。

沈惠伟，女，1984 年，河北保定人。产业经济学硕士，南京大学城市规划设计研究院北京分院高级项目经理。参与、主持城乡区域规划项目与课题 30 余项。主要研究方向为国土空间总体规划、产业规划、特色小镇规划、旅游规划与策划等，并在《自然资源通讯》等学术期刊发表专业论文数篇。